ＤＪ鉄ぶらブックス 030

鉄道と切手

その歩みとカバーコレクション

鉄道友の会 編
監修／藤井　浩・鹿山　晃

０系新幹線電車／1964（昭和39）年10月1日、東海道新幹線は世界に先駆けて高速鉄道としての高い安全性と安定性を持った大量輸送機関として登場した。斜陽産業といわれた鉄道の評価を一変、日本の経済・文化の発展に寄与し、「世界の新幹線」としての地位を確固たるものとした。

まえがき

日本の近代的郵便事業は1871（明治４）年の創業である。一方、日本最初の鉄道開業はその翌年の1872（明治５）年であり、ほぼ同時期に、いずれも当時の明治政府の殖産興業政策の支柱として国の直営で発足した。

両事業はその後、幾多の紆余曲折を経つつ発展し、いずれも数十万人の従業員を擁する国内最大規模の事業体となり、国の経済・社会発展の基礎インフラとして近代日本の形成に貢献してきた。そして、近年いずれも民営となった。

この両事業は発足も同時期、また当時の欧米諸国、なかんずくイギリスに範をとって発展してきた経緯から、その過程に類似点が多い。両事業とも国民生活を維持し、またその中で発展していく性格の事業であったこともあって、両事業が多くの人々に親しみを持たれ、趣味の対象にもなるに至った。この点は、諸外国でも同様であった。事業発展につれて鉄道、郵便両事業を進んで自らの職業に選ぶ人も多く、またサイドワーク、即ち趣味活動として接する人が国際的にも広がっていった。国内でも鉄道職員で郵趣活動（切手収集等）にも励む人、また郵便職員で鉄道写真や鉄道車両に興味を持つ人も多かったように思う。

両者は、このように多くのファンを持つに至って、関係する書籍、雑誌等も多く（鉄道趣味誌、郵趣雑誌等）刊行され、また両者のファンクラブも各地で結成されてきた。しかし、鉄道と郵便両事業を合わせて紹介している書籍、雑誌等を見かけることは、学術書を除くと、まだ少ないように思われる。

たまたま筆者がメンバーである「鉄道友の会」（鉄道愛好家の団体で、約3,000人の会員を擁する）の関崇博専務理事はエンジニアで、鉄道に興味を持たれ、永年その研究にも取り組んでこられた（ＳＬ研究の著書もある）方であるが、同時に郵便切手の収集家でもあることを知った。しかも同氏は毎年、友の会の会員投票と選考委員会（学識経験者で組織）を経て、前年営業開始の優秀車両に贈呈するブルーリボン賞・ローレル賞贈呈式の際、式場最寄りの郵便局で、切手に記念スタンプを押捺した同氏企画の独特の記念カバーを20年以上にわたって作成されていた。因みに記念カバーとは、「何らかの記念日に、可能な限りその記念に関連する絵柄の切手などを入れてデザインし、記念日当日の日付印を押して記念品として残す。」カードのことである。

このカバー紹介を思い立ち、合わせて鉄道と郵便に興味と関心を持つ方々を対象に、また両者を結び付け相互の交流を図るべく「鉄道と切手」の出版に至ったのが本書上梓の動機であった。

本書は３部構成とした。第１部は「日本の鉄道切手」と題し、1942（昭和17）年の『日本初の鉄道切手』（鉄道70周年記念切手－Ｃ59）をはじめとした記念のカバー等を中心に関崇博氏が紹介した。

第２部は、前述の関崇博氏企画の鉄道友の会ブルーリボン賞・ローレル賞を受けた優秀車両にかかわる『「記念」切手カバー』の紹介である。20年余にわたり贈呈式実施地（車両基地所在地）最寄りの郵便局に氏が出向いて作成された記念カバーから60種を選んだものである。１車ごとに車両写真に地域ゆかりの切手（ふるさと切手等）と当時の慶事切手等を並べ、丸型印と名所旧跡等を描いた風景印を配している。カバー解説は関氏、車両解説は筆者が担当した。

第３部は、『切手にみる世界の高速鉄道』である。それぞれの車両を開発した国が発行した記念切手等を紹介した。これには鉄道と切手収集に造詣の深いＪＲ東海のリニア・鉄道館の天野満宏館長が解説を執筆した。なお切手は、元国鉄技師、藤井浩氏（土木専攻で、旧国鉄岐阜工事局長、鉄道建設公団理事、名工建設㈱社長等を歴任）の鉄道切手コレクションの中から同氏が選んだものを収録した。

さらに鉄道友の会、鹿山晃事務局長がブルーリボン賞・ローレル賞の解説を執筆した。また本書の監修も藤井、鹿山両氏にお願いした。

以上の３部門は上述のように関崇博、天野満宏、藤井浩、鹿山晃各氏のご協力、ご指導によって１冊にまとめることができたことにあらためて感謝申し上げる。

上記の経緯で上梓に至った本書であるが、一人でも多くの鉄道、郵便両事業に関心と興味を持つ方々に読んでいただき、両事業に関心の深い方々の交流を盛んにすることができればと思う。人と人との交流が文化の創生・発展の原動力であることを考えるとき、この交流を通じてささやかな文化創生の端緒にもなればとの念願も持っていることを付記させていただく。

（須田　寛）

鉄道友の会とは

鉄道友の会は1953（昭和28）年に設立された日本で最大の全国組織の鉄道趣味者（鉄道愛好家）の任意団体である。現在、3000名を超える会員で構成され、本部及び北海道から九州までの17支部と7研究会組織で構成されている。また鉄道事業者、関連企業、団体等を中心とした80社（2019年度）の賛助会員を擁する。

戦前から日本各地で立ち上げられた鉄道趣味グループが先の戦争激化により姿を消した後、戦後に復活・再編した趣味団体を全国的に統一することで鉄道趣味の発展を企図して作られた団体で、現在も思想はそのまま引き継がれている。会の目的として、会則では「広く鉄道知識を普及し、鉄道愛好家の増加を図り、鉄道趣味を通じて会員相互間の親睦を深め、併せて鉄道を愛護し、その進歩発展に寄与することを目的とする」としている。

主たる事業、活動として鉄道事業者、関連業者の車両試乗会、見学会、撮影会の実施、講演会、博物館、鉄道関連行事等への協賛・後援・協力・資料提供等、またブルーリボン賞・ローレル賞の選定、優秀著作賞の選定、機関誌「RAILFAN」の発行及び海外の鉄道趣味団体との交流を行っている。

見学会、撮影会、試乗会等は本部、支部の主催により実施している。また支部・研究会では定期的に例会を行い、会員相互の交流、研鑽を図っている。また模型運転会も支部を中心に開催している。

機関誌「RAILFAN」は研究発表、紀行文、支部活動状況等の内容で、現在は偶数月に発行するほか年に２回程度の研究報告等のテーマを定めた別冊、増刊号を発行している。現在770号を超える歴史がある。

◆ブルーリボン賞・ローレル賞は、前年に営業を開始した新しい車両（新造及び改造車両）の中から会員の投票と選考委員会の審議により選定し賞の贈呈活動を行うものである。以下に両賞について記述する。

ブルーリボン賞

ブルーリボン賞は鉄道友の会の会員により選定される新型車両の内、最優秀車両に贈呈される賞である。対象車両は前年に営業運転を開始した車両について、会員より構成される選考委員会が選定した新型車両とする候補車両の中から会員の投票を基に選考委員会で審議し最優秀と認めた車両で一系列・形式が選定される。1959（昭和34）年に制定され、初回の小田急3000系以来、2019年で62回を迎えた。

ローレル賞

ローレル賞は鉄道友の会の会員により選定される新型車両の内、優秀と認められた車両に贈呈される賞である。対象車両の選定はブルーリボン賞と同様であるが、会員の投票結果を参考としつつ、選考委員会が主体となって審議した結果優秀と認められた車両が選定される。ブルーリボン賞は一系列・形式であるが、ローレル賞は複数の系列・形式に贈呈される場合がある。特急車両等華やかな車両が選定されがちであったブルーリボン賞に対し、ローレル賞は通勤形、近郊形をその対象として1961（昭和36）年制定されたが、その後、特急形との境界が曖昧になったことで選考の基準を変更、その後の鉄道車両の状況を考慮して、現在の選考委員会が主体となって審議して選定する形態となっている。

ブルーリボン賞・ローレル賞 選考委員会

鉄道車両に精通するベテランの鉄道友の会会員で構成された委員会である。通常10名前後の、車両史研究家、電気機器・車体構造・車両技術等各分野の専門家、大学教授等で構成される。任期は１年（再任可）。

（鉄道友の会　事務局　鹿山　晃）

鉄道と切手
その歩みとカバーコレクション

CONTENTS

まえがき

鉄道友の会とは …… 4

1 日本の鉄道切手 …… 9

昭和の時代 …… 10

平成の時代 …… 18

鉄道シリーズ切手 …… 22

2 切手（記念カバー）にみる優秀鉄道車両 …… 31
ブルーリボン賞・ローレル賞受賞車両

ブルーリボン賞・ローレル賞の記念カバー作成 …… 32

ブルーリボン賞・ローレル賞受賞車両 …… 34

787系電車 …… 34
300系新幹線電車 …… 36
DF200形ディーゼル機関車 …… 38
50000系電車 …… 40
キハ281系気動車 …… 42
883系電車 …… 44
383系電車 …… 46
731系電車 …… 48
900系電車 …… 50
9700形電車 …… 52
285系電車 …… 54
スカイレール200形客車 …… 56
E26系寝台客車 …… 58
209系950番代電車 …… 60
700系新幹線電車 …… 62
885系電車 …… 64
モ800形電車 …… 66
E257系電車 …… 68
キハ187系気動車 …… 70
21020系電車 …… 72
9200形電車 …… 74
5100形電車 …… 76
M250系コンテナ電車 …… 78
800系新幹線電車 …… 80

3000形電車………… 82
50000形電車 ………… 84
5100形電車……………… 86
3000系電車………… 88
100形磁気浮上車 …… 90
2000系電車……………… 92
0600形電車………… 94
3000形電車…………… 96
60000形電車 ………… 98
T1000形電車 …… 100
3000系電車…………… 102
E259系電車…………… 104
22600系電車 …… 106
AE形電車……………… 108
16000系電車 ………… 110
E5系新幹線電車… 112
HD300形901号機関車… 114
1000系電車…………… 116
50000系電車 …… 118
F1000形電車 ………… 120
E6系電車……………… 122
EV-E301系電車 … 124
E7系・W7系新幹線電車… 126
3000形電車…………… 128
5700系電車……… 130
新260系電車 ………… 132
BEC819系電車………… 134
E235系電車……… 136
A3000形電車 ………… 138
ET122形1000番代気動車… 140
35系客車………… 142
500系電車 …………… 144
7500形電車…………… 146
70000形電車 …… 148
20000系電車 ………… 150
デオ730形732号車……… 152

用語解説 …………………………………………………… 154

3 切手にみる世界の高速鉄道 ……………………… 157
東海道新幹線が誕生するまでの高速列車 ………… 161
東海道新幹線の開業など ………………………… 165
東海道新幹線開業以降の高速鉄道 ……………… 167

あとがき

執筆者プロフィール

C59形は、C53形の後継車として新製された幹線旅客列車用のテンダー式蒸気機関車で、1941（昭和16）年から1947（昭和22）年の間173両が製造された。東海道本線、山陽本線、東北本線等の優等列車に多く投入されたが、国鉄の動力近代化の進展とともに、1970（昭和45）年の呉線電化を最後に引退した。
我が国最初の鉄道切手である、1942（昭和17）年10月発行の「鉄道70年記念」に、このC59 28号の写真が使われている。

写真提供／宮田寛之（西尾克三郎氏より所蔵引継）

1

日本の鉄道切手

◆はじめに

鉄道切手を記述する際には、最初に「鉄道」という分野の範囲を如何に定めるかが必要となる。鉄道切手収集における鉄道の範疇として、実際の鉄道車両や列車のほか、鉄道施設（駅、鉄橋、トンネル等）、鉄道の絵画（版画等）及び切手絵柄の一部に列車をシンボル的に描いたもの等を含めて“広義の鉄道切手”として捉える考え方があるからだ。ただし本書では筆者の独断で、“鉄道車両（絵画を含む）が切手絵柄に大きく存在を示しているもの”に絞ることとした。

◆昭和の時代（戦前、戦後の国鉄時代）

前項で記した条件のもとで選考を行うと、我が国の最初の鉄道切手は1942（昭和17）年10月発行の「鉄道70年記念」の切手**【図1】**で、当時最新の旅客用蒸気機関車Ｃ59形を絵柄に採用した。この切手の写真については、当時逓信省から鉄道省に依頼があり、鷹取工機部の今村潔氏が担当、写真家を連れて明石機関庫に赴きＣ5928号を撮影したとの記録[*1)]が残されている。この鉄道記念日を記念するものとしては、戦後の1947（昭和22）年10月に「鉄道75年記念」の小型シート**【図2】**が発行されている。その絵柄には北海道最初の鉄道（官営幌内鉄道）に登場したアメリカ製蒸気機関車の「弁慶

図1　我が国初の鉄道切手「鉄道70年記念」の初日カバー

号」[*2)]を採用した。

　また、この時期に特記する出来事では、通常切手に鉄道車両を描いたものが登場したことだ。1948～49年に発行された「産業図案シリーズ」と呼ばれる通常切手のひとつで、1949（昭和24）年9月に発行された当時最高額面500円の「ＳＬ製造」の通常切手である。この絵柄には当時製造されたＣ62形蒸気機関車[*3)]の製造中の姿が採用されている**【P173参照】**。

　戦後の復興が進み、1956（昭和31）年11月には東海道本線全線電化開業に際し、特急“つばめ”をけん引するＥＦ58 4号（試験塗装機）と安藤広重の東海道五拾三次の内「由井」を組合せてデザインされた「東海道電化完成記念」の切手**【図３】**が発行された。この切手は、その秀逸なデザインで今も多くの切手愛好者に愛されている。続いて1962（昭和37）年６月、当時国内最長の鉄道トンネルとなる「北陸トンネル」が開業、「トンネル内を走行する特急“白鳥”（キハ82系気動車）」を描いた開業記念切手が発行されたが、切手の絵柄について「切手に描かれた車両やトンネル設備・構造等が実際設備・構造とは異なっている。」との意見が数多く寄せられ、誤りの多い切手として話題となった。そして1964（昭和39）年10月、東京オリンピク開催に間に合わせるべく工事が推進されてきた「東海道新幹線」が開業、その記念切手**【図９（右上）】**が発行されて、我が国

図2　初日の記念押印した「鉄道75年記念」小型シート

の新幹線鉄道の情報は切手を通して広く世界に届けられた。

その後も日本国有鉄道（以下、国鉄と記す。）の記念事業に関連して鉄道切手が発行されてゆくが、その中で特記するテーマして「ＳＬシリーズ」切手がある。新幹線開業当時の国鉄では動力近代化（無煙化）が強力に推進されており、電化やディーゼル化によって各地で蒸気機関車のけん引列車は姿を消しつつあった。このような状況のなか1960年代半以降、蒸気機関車（Steam Locomotive）の活躍の姿を記録するという目的で、全国各地に蒸気機関車を追い求める鉄道（ＳＬ）ファンが急増していった。この社会現象は「ＳＬブーム」とも呼ばれ、国鉄の蒸気機関車の最終営業運転である1975（昭和50）年12月24日まで続いた。

このような状況のなかで、蒸気機関車を題材とした「ＳＬシリーズ」切手**【図４-１～４-５】**が1974～1975年にかけて発行されたのである。当時この企画の推進にあたり、当会の関係者が郵政省に協力を行っている。

このように当時は国鉄に関係する切手の発行に限られていたが、1977（昭和52）年12月に「地下鉄50年」の記念切手**【図５】**が発行されたのが注目された。この切手には、日本初の地下鉄（東京地下鉄道〔のち帝都高速度交通営団、現；東京地下鉄〕）1000形及び当時最新であった神戸市営地下鉄1000形が絵柄に採用された。

以降、国鉄分割民営化が実施される1987（昭和62）年４月までの昭和の時代に発行された鉄道切手を**表-１**に示す。

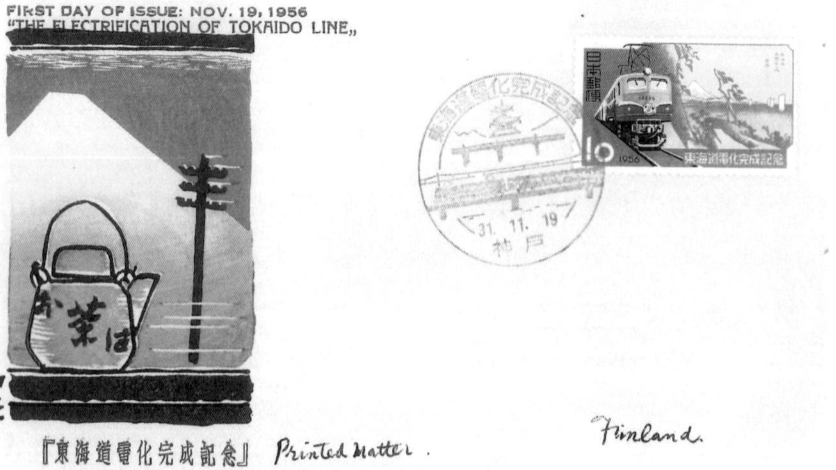

図3 「東海道電化完成記念」の初日印を押したカバー

図4-1 「SLシリーズ」（第1集）D51形・C57形の初日カバー

図4-2 「SLシリーズ」（第2集）D52形・C58形の初日カバー

図4-3 「SLシリーズ」（第3集）8620形・C11形の初日カバー

図4-4 「SLシリーズ」（第4集）9600形・C51形の初日カバー

図4-5 「SLシリーズ」（第5集）150形・7100形の初日カバー

図5 「地下鉄50年記念」の初日カバー　押印の「下谷郵便局」は現在「上野郵便局」に名称変更

図6 「上越新幹線開通記念」の初日カバー　押印局の大宮は、当時の上越新幹線の発着駅大宮駅に因む

図7　鉄道郵便廃止を記念した「さようなら鉄道郵便記念」のマキシマムカード

表-1　昭和時代に発行された鉄道切手

<table>
<tr><th colspan="2">テーマ</th><th>発売日</th><th>絵柄の概要</th><th>形態等</th><th>備考</th></tr>
<tr><td colspan="2">鉄道70年記念</td><td>1942.10.14</td><td>C59形蒸気機関車(C5928)</td><td></td><td>図1</td></tr>
<tr><td colspan="2">鉄道75年記念</td><td>1947.10.14</td><td>弁慶号</td><td>小型シート</td><td>図2</td></tr>
<tr><td colspan="2">通常切手500円</td><td>1949.9.26</td><td>製造中のC62形蒸気機関車を描く</td><td></td><td>P173</td></tr>
<tr><td colspan="2">東海道電化完成記念</td><td>1956.11.19</td><td>“つばめ”を牽くEF584と広重の版画「由井」</td><td></td><td>図3</td></tr>
<tr><td colspan="2">北陸トンネル開通記念</td><td>1962.6.10</td><td>トンネルを走行するディーゼル特急「白鳥」</td><td></td><td></td></tr>
<tr><td colspan="2">東海道新幹線開通記念</td><td>1964.10.1</td><td>0系新幹線電車</td><td></td><td>図9(右上)</td></tr>
<tr><td colspan="2">郵便創業100年</td><td>1971.4.20</td><td>郵便車内での区分作業</td><td>3種中1種</td><td></td></tr>
<tr><td colspan="2">国際文通週間</td><td>1971.10.6</td><td>東京馬車鉄道図(伊藤芳邨画)</td><td></td><td></td></tr>
<tr><td colspan="2">鉄道100年
山陽新幹線</td><td>1972.3.15</td><td>山陽新幹線岡山開業
0系走行風景</td><td></td><td>図9(右下)</td></tr>
<tr><td colspan="2">鉄道100年</td><td>1972.10.14</td><td>鉄道開業の図(安藤広重)とC622</td><td>2種</td><td>P34</td></tr>
<tr><td rowspan="5">SLシリーズ</td><td>第1集</td><td>1974.11.26</td><td>D51形とC57形</td><td rowspan="5">2種連刷</td><td rowspan="5">図4-1
～
図4-5</td></tr>
<tr><td>第2集</td><td>1975.2.25</td><td>C58形とD52形</td></tr>
<tr><td>第3集</td><td>1975.4.3</td><td>8620形とC11形</td></tr>
<tr><td>第4集</td><td>1975.5.15</td><td>9600形とC51形</td></tr>
<tr><td>第5集</td><td>1975.6.10</td><td>7100形と150形(1号機関車)</td></tr>
<tr><td colspan="2">地下鉄50年記念</td><td>1977.12.6</td><td>東京地下鉄道1000形と神戸市営地下鉄1000形</td><td>2種連刷</td><td>図5</td></tr>
<tr><td colspan="2">東北新幹線開通記念</td><td>1982.6.23</td><td>200系新幹線電車と1292「善光号」</td><td>2種連刷</td><td></td></tr>
<tr><td colspan="2">上越新幹線開通記念</td><td>1982.11.15</td><td>200系新幹線電車とED16形</td><td>2種連刷</td><td>図6</td></tr>
<tr><td colspan="2">さようなら
鉄道郵便記念</td><td>1987.3.26</td><td>創業期の郵便車(ユ3700形)*)と郵便物取り卸し作業(「郵便現業絵巻」より)</td><td>2種連刷</td><td>図7</td></tr>
<tr><td colspan="2">新鉄道事業体制
発足記念</td><td>1987.4.1</td><td>リニアモーターカー(MLU002)と国産第1号SL(鉄道作業局137〔鉄道院860〕)</td><td>2種</td><td></td></tr>
</table>

《注記》 *) 切手の郵便車の絵柄は、報道資料では「ユ3700形」(国産の郵便車)とされているが、実際は「下等室と郵便室をもつ合造車」(英国製)ではないかとの指摘がある。

(参考資料) 日本郵趣協会の鉄道切手部会研究誌「Railway Stamps」No.13(1987.9) 他

◆平成の時代（国鉄の分割民営化以降）

国鉄は1987（昭和62）年４月に分割民営化され、現在見られるように地域に密着した６つの旅客鉄道会社と全国を網羅する貨物鉄道会社とに分割され再発足することとなった。従来、国鉄（国の鉄道）という位置づけで記念すべき鉄道事業に関して記念切手が発行されてきたが、民営化ということで、以降は鉄道の記念事業等を題材とする切手は姿を消す[*4)]ことになる。なお、民営化直後の1988（昭和63）年３月「青函トンネル開通記念」で寝台特急「日本海」を牽くＥＤ79形を描く記念切手が発行されたが、このテーマは国家的プロジェクトの鉄道施設（トンネル）で、分割民営化以前からの発行予定と考えられるものであった。

このような状況のなか、鉄道切手として再び「シリーズ切手」が登場することになった。1975年の蒸気機関車終焉以降、ターゲットを失った鉄道ファンにとって寝台特急列車けん引の電気機関車をメインとして電気機関車に対する関心が高まり、1975年以降は鉄道趣味誌においても電気機関車をテーマとした記事が多くなってきた。このような社会現象を踏まえ、以前の「ＳＬブーム」に対比して「ブルトレブーム」というフレーズが流行するようになったが、このような社会現象に対応したかのように、1990（平成２）年に「電気機関車シリーズ」の切手**【図８-１～８-５】**が発行されることになった。このシリーズ切手に採用する電気機関車（形式）は、「国鉄に在籍した特徴ある機関車で、分割民営化時点で一般営業から引退しているもの」という条件が示されていた。この企画においても当会関係者が写真提供等で協力している。

ところで、平成時代の切手で特記されるものに「地方切手（のち、ふるさと切手）」と「写真付き切手（Ｐスタンプ）」がある。「ふるさと切手」は、平成の世となった1989（平成元）年４月１日から登場、各地方郵政局独自に切手の企画発行をするもので、その地域の郵便局でのみ発売[*5)]された。このような状況で企画発行されたためか、「ふるさと切手」の中には鉄道を題材に組み込んだものが複数誕生している。（**表-３参照**）　その例として九州新幹線800系を描いたもの**【図10】**を示す。また、「Ｐスタンプ（写真付き切手）」は、2001（平成13）年からの試行期間を経て2003年より正式登場したもので、切手の下部に個人や企業が自由に絵柄を選定できる部分（定義はタブ（耳紙））を配置したものであった。この「Ｐスタンプ」は、その後「フレーム切手」に姿を変えて現在に至っており、鉄道絵柄のものも沢山登場しているが、定義では“フレーム部分が切手”であり、絵柄を入れる部分は“タブ（耳紙）”であるということで、筆者は「フレーム切手」については鉄道切手として捉えていない。

このような状況の中で鉄道をテーマと

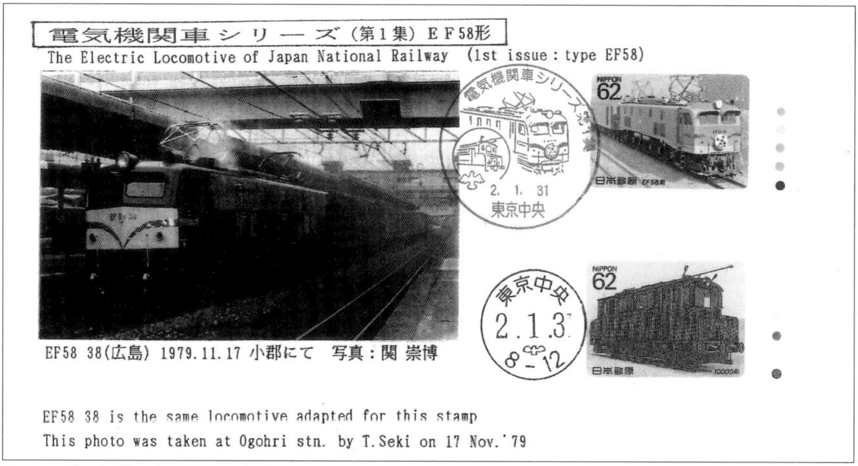

図8-1 「電気機関車シリーズ」（第1集）10000形・EF58形の自家製初日カバー

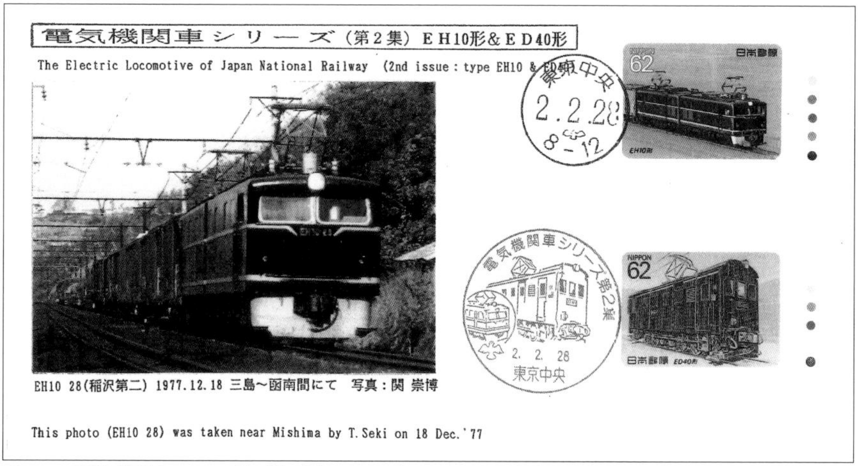

図8-2 「電気機関車シリーズ」（第2集）ED40形・EH10形の自家製初日カバー

図8-3 「電気機関車シリーズ」（第3集）EF53形・ED70形の自家製初日カバー

図8-4 「電気機関車シリーズ」（第4集）EF55形・ED61形の自家製初日カバー

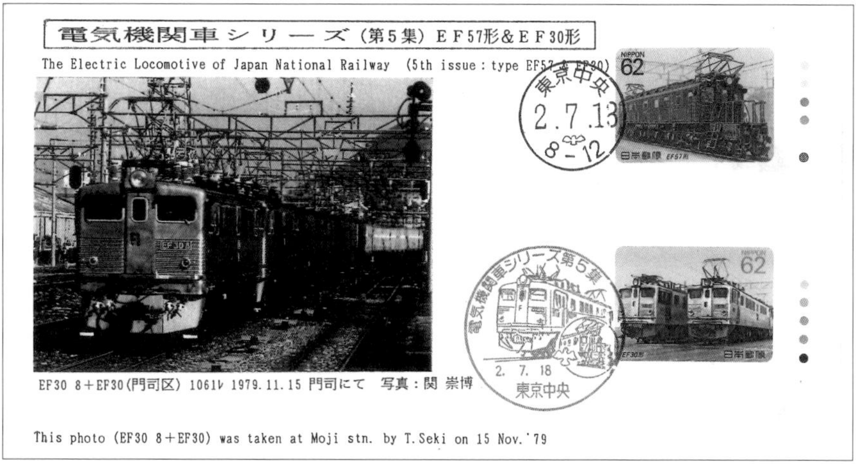

図8-5 「電気機関車シリーズ」（第5集）EF57形・EF30形の自家製初日カバー

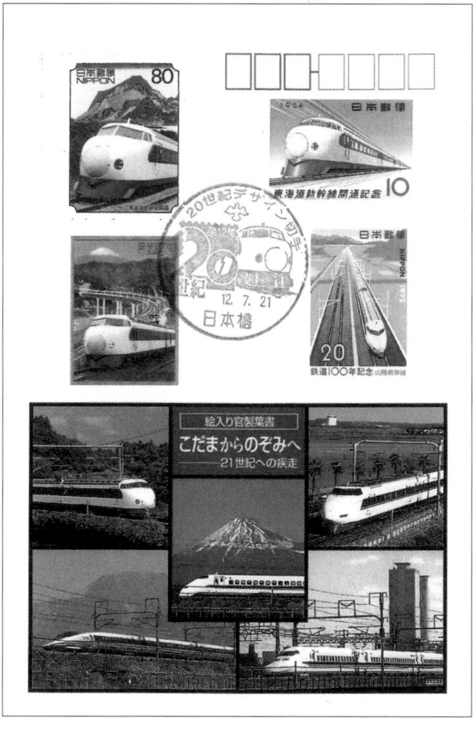

図9 「20世紀デザイン切手」シリーズにおける「東海道新幹線開通（0系）」の発行に際し、それまで発行された0系を描く全ての切手を集めて記念カバー作成。（左上；「20世紀デザイン切手」の0系、左下；「戦後50年メモリアルシリーズ」の0系、右上；「東海道新幹線開通記念」、右下；「鉄道100年記念　山陽新幹線」の0系の各切手）

する切手発行の要望が当局に寄せられていたという[*6)]。このような状況を受けてか、民営化した日本郵便から「鉄道シリーズ」切手が登場することになる。

表-2に「平成時代の鉄道切手」、**表-3**に「平成時代（ふるさと切手）における鉄道切手」をそれぞれ一覧で示す。

◆鉄道シリーズ切手

このシリーズ切手は、「鉄道の日」創設20周年を記念して企画されたもので、「日本鉄道大賞」選定物件と鉄道友の会選定の「ブルーリボン賞」贈呈車両とで構成され、2013（平成25）年10月の第1集から2018（平成30）年10月の第6集ま

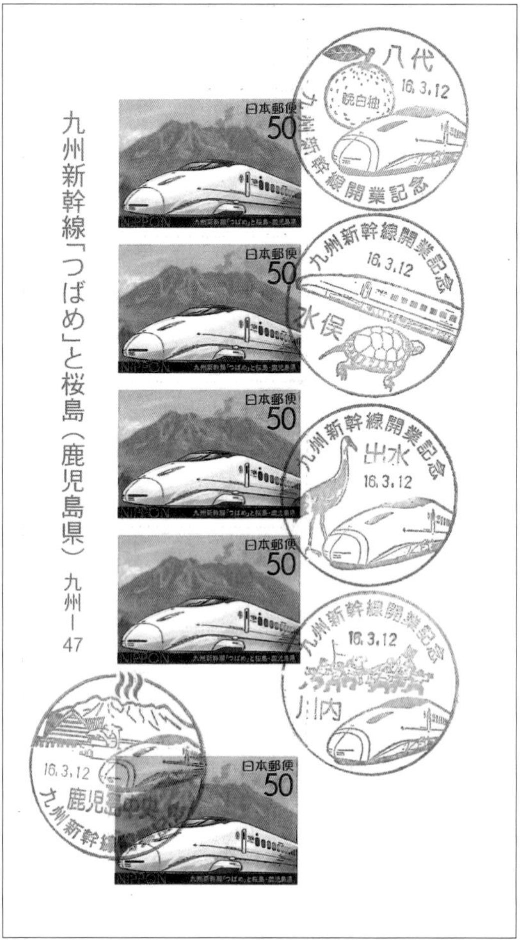

図10　鹿児島県ふるさと切手（九州新幹線「つばめ」と桜島）の発行初日の沿線各局の小型記念印を押印した記念カバー

表-2　平成時代の鉄道切手

テーマ		発売日	絵柄の概要	形態等	備考
青函トンネル開通記念		1988.3.11	青函トンネル路線図と"日本海"を牽くED79形		P58
電気機関車シリーズ	第1集	1990.1.31	10000形とEF58形	各集2種	図8-1 ～ 図8-5
	第2集	1990.2.28	ED40形とEH10形		
	第3集	1990.4.23	EF53形とED70形		
	第4集	1990.5.23	EF55形とED61形		
	第5集	1990.7.18	EF57形とEF30形		
郵便切手の歩みシリーズ	第5集	1995.9.19	1949年の通常切手500円「SL製造」と小型郵便自動車	4種連刷中1種	
戦後50年メモリアルシリーズ	第3集	1996.8.27	高度経済成長「0系新幹線・高速道路」	2種中1種	図9(左下)
20世紀デザイン切手シリーズ	第1集	1999.8.23	チンチン電車	10種中1種	
	第5集	2000.1.21	東京地下鉄開業	10種中2種連刷	
	第7集	2000.2.23	蒸気機関車D51形登場(D5114)	10種中2種連刷	
	第12集	2000.7.21	東海道新幹線開通(0系新幹線電車)	10種中1種	図9(左上)
	第16集	2000.11.22	青函トンネル開通(ED79形"海峡"と485系"はつかり")	10種中1種	
科学技術とアニメ・ヒーロー・ヒロインシリーズ	第5集	2004.8.23	蒸気機関車雛形(幕末佐賀藩が製作した蒸気車の模型)	8種中1種	
	第7集	2005.3.23	東海道新幹線用試作電車(B編成)と256km/h速度記録のプレート	8種中1種	
切手趣味週間		2011.4.20	創業期のSL列車を描く「開化幼早学問(梅堂国政)」	3種中1種	
沖縄復帰40周年		2012.5.15	沖縄都市モノレール(ゆいレール)	10種中1種	
鉄道シリーズ	第1集	2013.10.11	1シート10種構成で、2種については当該切手シート発行前年の「日本鉄道大賞」受賞物件と同「ブルーリボン賞」贈呈車両を採用し、残る8種には過去のブルーリボン賞贈呈車両を採用**【詳細は表-4参照】** 第3集以降は「通常版」のほか、「イラスト版」も発行	各集10種	図12-1 ～ 図12-6
	第2集	2014.10.10			
	第3集	2015.10.9			
	第4集	2016.10.7			
	第5集	2017.10.4			
	第6集	2018.10.4			
日本・スイス国交樹立150周年		2014.2.6	レーティッシュ鉄道アルブラ線/ベルニナ線と周囲の景観、ユングフラウ鉄道とトロールブルメール	10種中2種	
新幹線鉄道開業50周年		2014.10.1	0系からE6系までのJR各社の新幹線電車の側面イラスト	10種連刷	図11
北陸新幹線(長野・金沢間)開業		2015.3.13	JR東日本E7系及びJR西日本W7系を描く	10枚中5枚(8種中3種)	P126
北海道新幹線(新青森・新函館北斗間)開業		2016.3.25	JR北海道H5系新幹線電車の左頭及び右頭のデザイン	10種中2種	
日本の夜景シリーズ	第4集	2017.9.29	製紙工場の夜景と岳南鉄道の電車	10種中1種	
My旅切手シリーズ	第2集	2017.4.14	「いざ鎌倉」52円シート　江ノ電電車(イラスト及び写真)	10種中2種	
			「いざ鎌倉」82円シート　江ノ電電車	10種中1種	
	第3集	2018.3.2	「富士山周辺」62円シート 富士山バックのN700A系新幹線電車	10種中1種	
	第4集	2018.9.5	「九州」　62円シート 西大山駅とキハ40系の列車	10種中1種	
北海道150年		2018.7.13	北海道新幹線開業(青函トンネル知内側出口のH5系)	10種中1種	
明治150年		2018.10.23	東京汐留鉄道館蒸汽待合之図(連刷)、銀座通煉瓦造鉄道馬車往復図(連刷)	10種中4種	

表-3　平成時代（ふるさと切手）における鉄道切手

ふるさと切手(当該県)		発売日	絵柄の概要	形態等	備考
長崎・佐賀・福岡県		1997.6.3	佐賀藩の製作した蒸気機関車模型	4種連刷中1種	
東京都		1998.11.26	多摩都市モノレール		
岡山・広島県		1999.1.11	第三セクター鉄道井原線		
山口・島根県		1999.10.13	鉄橋を渡るSLけん引貨物列車	2種連刷中1種	P142
愛媛県		2001.9.12	坊ちゃん列車と道後温泉	2種連刷中1種	
岐阜県		2001.9.28	谷汲・揖斐線のモ510形と富有柿	2種連刷中1種	
沖縄県		2003.8.8	首里城及び那覇空港と沖縄都市モノレール(ゆいレール)	2種連刷	
鹿児島県		2004.3.12	九州新幹線800系“つばめ”と桜島		図10
ふるさと心の風景シリーズ	第1集 夏の風景	2008.5.2	千葉県銚子市「小さな電車」	10種中1種	
	第3集 冬の風景	2008.11.4	青森県北津軽郡「ストーブ列車」	10種中1種	
	第4集 春の風景	2009.5.2	島根県出雲市「一畑電鉄」電車	10種中1種	
	第7集 北海道	2010.6.1	白糠町「白糠線」のキハ56系の列車	10種中1種	
	第8集 東北地方	2010.12.1	青森県東北町「レールバス」(南部縦貫鉄道)	10種中1種	
地方自治法施行60年記念シリーズ	高知県	2010.5.14	はりまや橋ととさでん交通7号「維新号」	5種中1種	
	栃木県	2012.10.15	真岡鐵道のC1266けん引SL列車	5種中1種	P124
	山梨県	2013.11.15	富士山と山梨リニア実験線の試験車両とぶどう	5種中1種	
旅の風景シリーズ	第1集 京都1	2008.9.1	嵯峨野観光鉄道「トロッコ列車」	10種中1種	
	第3集 沖縄	2009.1.23	沖縄都市モノレール(ゆいレール)	10種中1種	
	第18集 千葉	2013.6.25	小湊鐵道、いすみ鉄道、銚子電鉄	10種中3種	

図11　東海道新幹線50年を記念して発行された「新幹線鉄道開業50周年」の自家製初日カバー。カバー上部に、慶事切手「扇面に梅文様」と「東海道新幹線開通記念」の切手を配して慶事を表すとともに、東海道新幹線に因んで「東京中央局」と東北・上越新幹線に因んで「上野局」とで記念押印を行った。

で毎年10月に発行された。そしてこの切手の企画推進においては、関係機関よりの要請を受けて当会が協力することとなった。以下に、実現に至る経緯の概要を紹介する。

日本郵便が発行する切手の題材選定は、郵政省からの基本方針を引き継いでおり、公的基準による題材でないと原則切手の題材に採用できないとされていた。このシリーズ切手の題目に関して、「日本鉄道大賞」は「鉄道の日」実行委員会の表彰選考委員会が選考するため公的選考とみなされるが、任意団体の鉄道友の会が選考する「ブルーリボン賞」は公的な基準からは外れることになる。このような状況のなか、当時の国土交通省及び日本郵便の見解として、「鉄道友の会が選考するブルーリボン賞は半世紀以上の実績があり、その選考も的確な基準で実施されていることに鑑み、公的選考に準じたものと位置づける」というものであり、このような経緯があって「ブルーリボン賞」選定車両が鉄道シリーズ切手の題材に採用されることになった。

鉄道シリーズ切手は１シート（切手10枚）の構成で、発行前年の「日本鉄道大賞」受賞物件と「ブルーリボン賞」贈呈車の２題目を確定させ、残る８題目は過去のブルーリボン賞贈呈車両とされた。さらに、第３集以降は、車両写真による「通常版」のほか、女性子供たちにも親しみやすい“車両の正面をデザイン”した「イラスト版」も発行された。

鉄道シリーズ切手（第１集～第６集）**【図12-１ ～12-６】**には、1958年から2017年までのブルーリボン賞贈呈車両の全てが採用[*7)]されている。**表-４**に「ブルーリボン賞贈呈車の鉄道シリーズ切手の一覧」を示す。

《注記》

＊１）今村潔；「余命せまるＣ59形機関車」、鉄道ピクトリアル1959年２月号（No.91）

＊２）官営幌内鉄道の機関車１号～６号には歴史上の人物名が命名され、その２号が弁慶である。

＊３）水原明窓編：「日本切手百科事典」（普及版）、日本郵趣協会発行1975年

＊４）テーマを定めたシリーズ切手では鉄道の題目・絵柄が採用されることは多々見受けられた。

＊５）東京中央郵便局では各郵政局発行の「ふるさと切手」のすべてを販売した。2007年の郵政民営化以降、「ふるさと切手」は全国で購入できる切手へと変化している。

＊６）2013年の企画打ち合わせ時に日本郵便の担当者から伺った。

＊７）2015年ブルーリボン賞贈呈の「ＪＲ東日本Ｅ７系・ＪＲ西日本Ｗ７系」については、第14回日本鉄道大賞『沿線自治体とのパートナーシップによる北陸新幹線金沢開業』枠の切手として採用された。

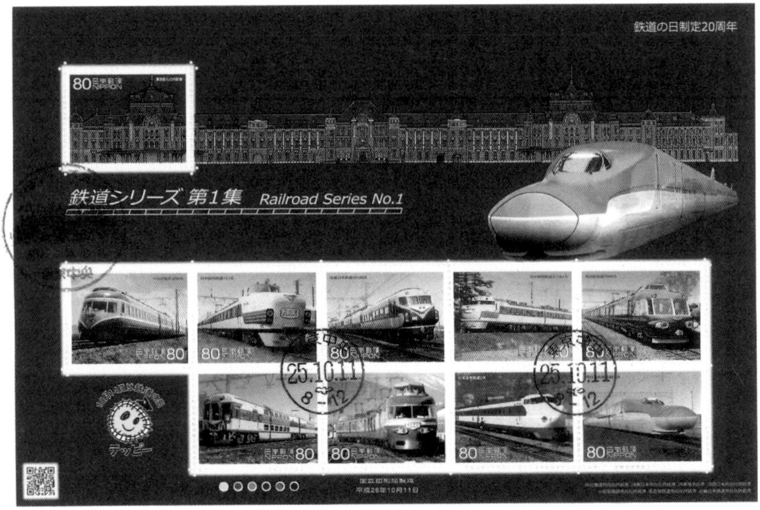

図12-1 「鉄道シリーズ」(第1集)
①東京駅丸の内駅舎*) ②小田急電鉄3000形 ③日本国有鉄道151系 ④近畿日本鉄道10100系
⑤日本国有鉄道キハ81系 ⑥名古屋鉄道7000系 ⑦近畿日本鉄道20100系
⑧小田急電鉄3100形 ⑨日本国有鉄道0系 ⑩東日本旅客鉄道E5系
*)「国指定重要文化財である丸の内駅舎の創建当時の姿に復元」

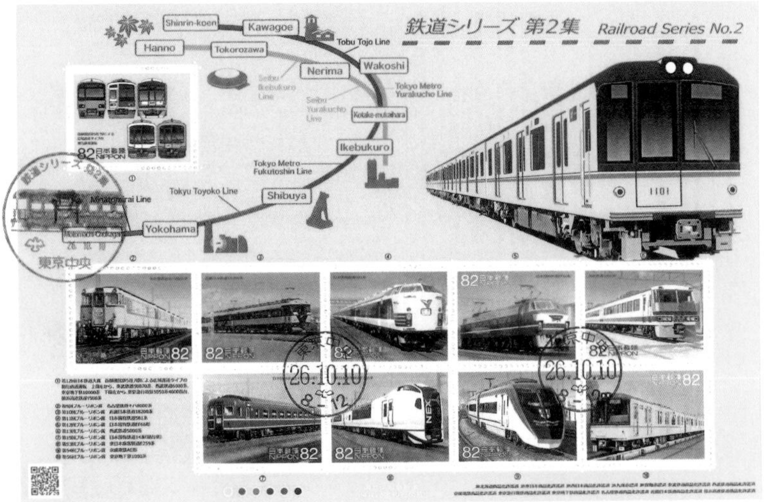

図12-2 「鉄道シリーズ」(第2集)
①首都圏民鉄5社7線による広域速達タイプの相互直通運転 ②名古屋鉄道8000系
③近畿日本鉄道18200系 ④日本国有鉄道581系 ⑤日本国有鉄道EF66形 ⑥西武鉄道5000系
⑦日本国有鉄道14系 ⑧東日本旅客鉄道E259系 ⑨京成電鉄AE形 ⑩東京地下鉄1000系

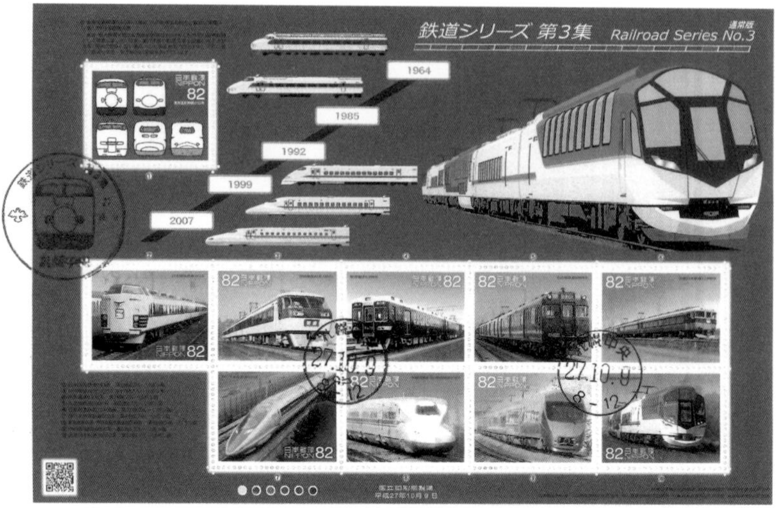

図12-3 「鉄道シリーズ」（第3集）［通常版］
①東海道新幹線の50年*) ②日本国有鉄道183系 ③京成電鉄AE形（初代） ④阪急電鉄6300系
⑤名古屋鉄道6000系 ⑥近畿日本鉄道12400系 ⑦西日本旅客鉄道500系
⑧東海旅客鉄道・西日本旅客鉄道N700系 ⑨小田急電鉄60000形 ⑩近畿日本鉄道50000系
*)「東海道新幹線の50年～「進化」へのたゆまぬ努力と着実な実績～」

図12-4 「鉄道シリーズ」（第4集）［通常版］
①沿線自治体との緊密なパートナーシップによる北陸新幹線金沢開業（E7系·W7系）
②近畿日本鉄道30000系 ③江ノ島電鉄1000形 ④小田急電鉄7000形 ⑤箱根登山鉄道1000形
⑥京急電鉄2000形 ⑦南海電気鉄道50000系 ⑧東日本旅客鉄道E26系 ⑨九州旅客鉄道885系
⑩富山ライトレールTLR0600形

図12-5 「鉄道シリーズ」（第5集）［通常版］
①「生きている」鉄道文化の長期保存と魅力ある展示（SL233号） ②日本国有鉄道14系700番台
③名古屋鉄道8800系 ④伊豆急行2100系 ⑤北海道旅客鉄道キハ84形･キハ83形
⑥小田急電鉄10000形 ⑦東武鉄道100系 ⑧九州旅客鉄道787系
⑨東海旅客鉄道･西日本旅客鉄道285系 ⑩阪神電気鉄道5700系

図12-6 「鉄道シリーズ」（第6集）［通常版］
①ニッポンの地下鉄誕生より90年；そのたゆまぬ努力と成果 ②近畿日本鉄道21000系・21020系
③東日本旅客鉄道651系 ④小田急電鉄20000形 ⑤九州旅客鉄道883系
⑥東日本旅客鉄道E257系 ⑦四国旅客鉄道5100形 ⑧日本貨物鉄道M250系
⑨小田急電鉄50000形 ⑩九州旅客鉄道BEC819系

表-4 ブルーリボン賞贈呈車と鉄道シリーズ切手の一覧

回	贈呈年	会社名（略記）	形式・系列	シリーズ集
1	1958	小田急	3000形	第1集
2	1959	国 鉄	151系	〃
3	1960	近 鉄	10100系	〃
4	1961	国 鉄	キハ81系	〃
5	1962	名 鉄	7000系	〃
6	1963	近 鉄	20100系	〃
7	1964	小田急	3100形	〃
8	1965	国 鉄	0系	〃
9	1966	名 鉄	キハ8000系	第2集
10	1967	近 鉄	18200系	〃
11	1968	国 鉄	581系	〃
12	1969	国 鉄	EF66形	〃
13	1970	西 武	5000系	〃
14	1971	–	–	–
15	1972	国 鉄	14系寝台車	第2集
16	1973	国 鉄	183系	第3集
17	1974	京 成	AE形（初代）	〃
18	1975	–	–	–
19	1976	阪 急	6300系	第3集
20	1977	名 鉄	6000系	〃
21	1978	近 鉄	12400系	〃
22	1979	近 鉄	30000系	第4集
23	1980	江ノ島鎌倉	1000系	〃
24	1981	小田急	7000形	〃
25	1982	箱根登山	1000形	〃
26	1983	京 急	2000系	〃
27	1984	国 鉄	14系700番台	第5集
28	1985	名 鉄	8800系	〃
29	1986	伊豆急行	2100系	〃
30	1987	JR北海道	キハ83・キハ84形	〃

回	贈呈年	会社名（略記）	形式・系列	シリーズ集
31	1988	小田急	10000形	第5集
32	1989	近 鉄	21000系*a)	第6集
33	1990	JR東日本	651系	〃
34	1991	東 武	100系	第5集
35	1992	小田急	20000形	第6集
36	1993	JR九州	787系	第5集
37	1994	–	–	–
38	1995	南海	50000系	第4集
39	1996	JR九州	883系	第6集
40	1997	–	–	–
41	1998	JR西日本	500系	第3集
42	1999	JR西日本・JR東海	285系	第5集
43	2000	JR東日本	E26系	第4集
44	2001	JR九州	885系	〃
45	2002	JR東日本	E257系	第6集
46	2003	近 鉄	21020系*a)	〃
47	2004	JR四国	5100形	〃
48	2005	JR貨物	M250系	〃
49	2006	小田急	50000形	〃
50	2007	富山ライトレール	0600形	第4集
51	2008	JR東海・JR西日本	N700系	第3集
52	2009	小田急	60000形	〃
53	2010	JR東日本	E259系	第2集
54	2011	京 成	AE形	〃
55	2012	JR東日本	E5系	第1集
56	2013	東京地下鉄	1000系	第2集
57	2014	近 鉄	50000系	第3集
58	2015	JR東日本・JR西日本	E7系・W7系*b)	第4集
59	2016	阪 神	5700系	第5集
60	2017	JR九州	BEC819系	第6集

*a) 1989年近鉄21000系と2003年近鉄21020系は同系列の車両として組合せ絵柄で構成された。
*b) 第14回日本鉄道大賞『沿線自治体とのパートナーシップによる北陸新幹線金沢開業』の枠で採用

2

切手（記念カバー）にみる優秀鉄道車両

ブルーリボン賞・ローレル賞受賞車両

ブルーリボン賞・ローレル賞の記念カバー作成

子供の頃から鉄道に興味を持っていたが、一方で小～中学生のころには当時ブームとなった切手収集にも手を出した。この切手収集については、社会人となって以降、半端休眠状態となっていたが、昭和から平成への代変わり、ちょうど消費税が初めて導入される1989年頃に、息子が切手収集に興味を持ち始めたことで、それをアドバイスする過程で自分の切手収集の趣味（郵趣）が再発した。

郵趣の世界では常識の「初日カバー」（新切手の発行初日に、その新切手を貼って当日の日付印（消印）を押す封筒）から派生した郵趣活動として、何らかの記念日に、可能な限りその記念に関連する絵柄の切手を貼って、記念日当日の日付印を押して記念品として残す「記念カバー」がある。

1990年代当初に切手収集を再開させて以降、自分の趣味活動としている鉄道友の会の活動における、ブルーリボン賞・ローレル賞（以下Ｂ賞・Ｌ賞と記す。）の贈呈式当日の記念カバーの作成を思いついた。いわば、鉄道趣味と郵趣のコラボレーションであった。

その契機となったのは1993年のＢ賞に九州旅客鉄道787系が選定されたことであった。この車両の登場に際し、歴史的に著名な列車愛称である“つばめ”が復活、そのインパクトとともに、過去発行された鉄道テーマ切手に「東海道線全線電化記念」（1956年発行；ＥＦ58 4牽引の“つばめ”デザイン）、「鉄道100年記念」（1972年発行；“つばめ”のヘッドマーク付Ｃ622のデザイン）及び「電気機関車シリーズ切手」（1990年発行；“つばめ”のヘッドマーク付ＥＦ58のデザイン）があることを承知していたので、これら切手を組合せた記念カバーの作成を思いつき実行したのだった。

そして、これが契機となりＢ賞・Ｌ賞贈呈式開催日の記念カバー創りが始まった。それから27年が経った2019年の今日まで、途中、式典に参加できない等、個人的な事情により止むなく作成できなかったケースが幾つかあったものの、これまでに70件弱の記念カバーが誕生した。

これら記念カバーは個人で楽しむために作成した自己流の記念カバーであり、今回のような公開の機会などは全く想定していなかった。今回の公開に際して、表現内容等について若干の説明が必要かと思い、以下の点について説明を加えることとした。

その一つがカバー表題の記載表現で、作成当初のカバーの表題では「○○賞受賞記念」と記していたが、受賞は“賞を受ける”の意味で、鉄道会社側の立場の表現であることから、“私どもから差し上げる”ということで、1999年作成のカバーから「○○賞授賞記念」[*1)] に変更した。またカバーの寸法も、当初は封筒規格「洋形６号」（190㎜×98㎜）で作成していたが、整理の都合等を考慮して、2006年作成のカバーから、一回り小さい「洋形７号」（165㎜×92㎜）の寸法で作成し現在に至っている。

Ｂ賞・Ｌ賞の贈呈式は、式典への出席者を配慮して土休日に設定されることが多いが、これは記念カバー作成の押印には困難な条件となる。それは多くの郵便局（特定郵便局）は土休日が休局となることだ。土休日の記念押印を行うためには、贈呈式会場近くで土休日に開局または時間外窓口が設けている郵便局（集配局等）を事前調査しておく必要がある。ただし、このような比較的大きな局には通常「風景印」[*2)] が常備されており、Ｂ賞・Ｌ賞の記念カバー作成においては好都合なのである。

＊1）「授賞」という表現は、当会会務においても以前使用されていたが、「「受賞」と発音が同一で混乱を招くこと」また「上から目線の表現に思われる」との意見があり、現在の会務では「贈呈」という表現に統一している。

＊2）風景印（ふうけいいん）；風景印とは、一部の郵便局に配備されている消印の一種で、正式には「風景入通信日付印」と呼ばれる。局名と押印年月日欄とともに、当該郵便局周辺の名所旧跡等にちなんだ図柄が描かれるのが一般的で、大きさは直径36㎜の円形が基本であるが、地元特産品等を模してデザインした変形印と呼ばれるものもある。風景印の押印には「鳶色」と呼ばれる赤茶色のスタンプインクが使用され、郵便局窓口で利用者から申し出があった場合（葉書料金以上の切手を添付したもの）に押印してもらうことができる。

（関　崇博）

1993（平成5）年
九州旅客鉄道
“787系”電車（つばめ）

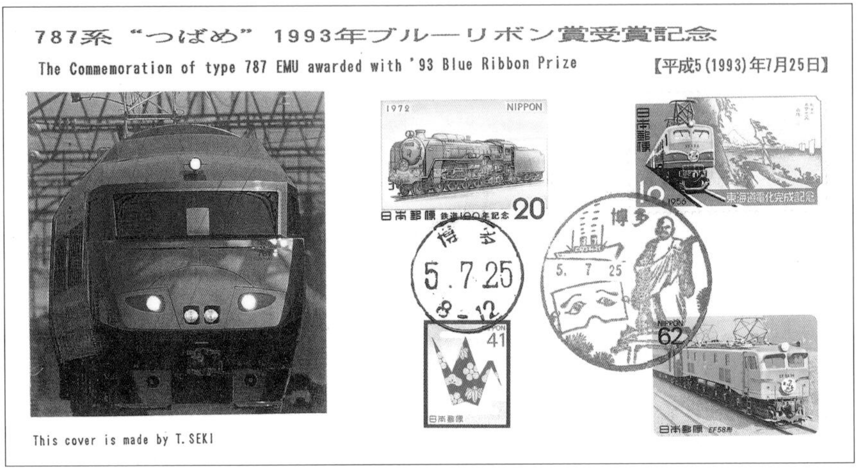

贈呈式：1993（平成５）年７月25日（日）

贈呈式は博多駅の「博多口」広場で開催されたため、隣接する「博多郵便局」で記念押印を行った。押印用の台切手には、試験塗装機ＥＦ58 ４が牽引する「つばめ」を描いた「東海道電化完成記念」（1956年11月発行）、“つばめ”のヘッドマークのＣ622をデザインした「鉄道100年記念」（1972年10月発行）及び“つばめ”のヘッドマーク装着のライトグリーン（青大将塗装）のＥＦ58を描く「電気機関車シリーズ切手（第１集）ＥＦ58」（1990年１月発行）の３種類の記念切手及び慶事用切手41円「折鶴」を組合せたものを使用し、これらに黒活印（金属製の日付印のこと）と風景印を押印した。風景印の絵柄は、「日蓮上人銅像、博多仁輪加の仮面に博多港と千代の松」を描いたもの。

九州旅客鉄道は、1987（昭和62）年の国鉄経営改革に伴って発足したＪＲ（旅客営業６社）のひとつとして、九州一円をサービスエリアとする旧国鉄線を承継して発足した会社である。鉄道営業キロは、発足時2,406km（現在2,273km）、2016（平成28）年から株式上場会社となった。

会社発足時は当然、旧国鉄の車両をそのまま承継・使用したが、ＪＲ九州はいち早く発足翌年にはオリジナル設計による新造車を登場させた。ハイパーサルーンと呼ばれた783系特急車両等がその例である。高速バス、航空機等とエリア内で激しい競争にさらされていたためである。

787系は、特急車第２弾としてその後多くの観光列車のデザインを手掛けることとなる水戸岡鋭治氏をコーディネーターに迎えて設計が進められた。

車体は、外板のメタリック塗装がまず目を引く。

車内は、客室構成にも変化を持たせ、サロンコンパートメント、トップキャビン、オープンシートを持つグリーン車等が評判となった。また、乗客の荷物収納場所、車いす専用トイレの整備等のきめ細かな対応も特徴である。そのほかビュフェの設置等、設計方針の「乗りたくなる列車」をめざしての工夫も随所にみられる。観光客の利用が多い九州ならではともいえよう。

この年のブルーリボン、ローレル両賞の動機となった会員投票では断然の１位を占め、新登場の「のぞみ」（東海道新幹線）を上回る人気を集めた。

この列車の「デザイン、特に内外装の斬新さ」と「乗客目線」ですべてのサービス施設が限られた車両空間の中に取り揃えられたのが受賞理由となった。

1993（平成5）年
東海旅客鉄道
“300系”新幹線電車

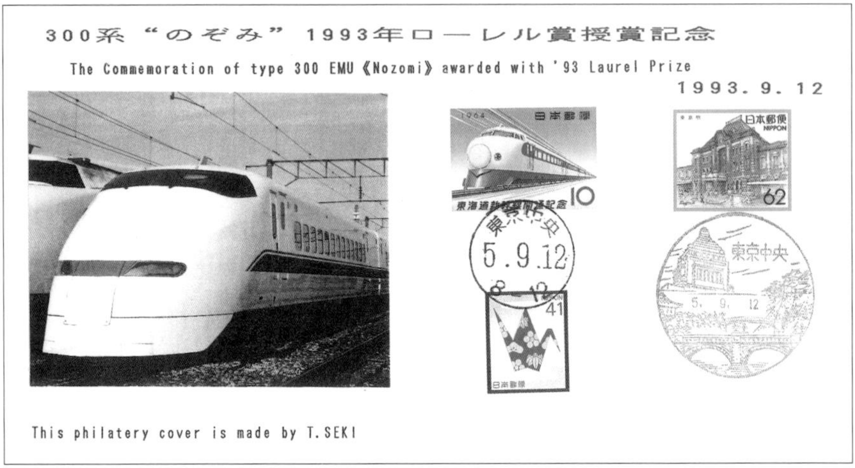

贈呈式：1993（平成5）年9月12日（日）

贈呈式は東海道新幹線の東京駅14番線ホームで開催されたため、同駅の丸の内南口の傍にある「東京中央郵便局」で記念押印を行った。押印用の台切手には、贈呈車両が東海道新幹線用の車両であることに因み「東海道新幹線開業記念」（1964年10月発行）の切手、「東京都ふるさと切手（東京駅）」（1989年11月発行）及び慶事用切手41円「折鶴」を組合せ使用した。風景印の絵柄は、「皇居二重橋と国会議事堂」を描いたもの。なお、「東京中央郵便局」の風景印の絵柄は、1996年４月24日より「東京駅赤レンガ駅舎」に変更されている。

ＪＲ東海は東海道新幹線と東海道線（熱海〜米原間）、中央、関西、高山線の一部等計12の在来線（計1,418.2km）を担当する会社である。

東海道新幹線は、開業以来円形のドームが目立つ０系車両の製作を昭和61年まで約20年間続けてきた。旧国鉄では「スーパーひかり」の名で後継の高速車両の検討を始めてきており、車体、台車等の基礎技術の研究も進んでいた。しかし、旧国鉄の経営破綻で試験、先行車両の製作等へと進めない一方、０系の編成単位の取替期が近づいてきた。このため1984（昭和59）年に客室等乗客に身近な車内設備の改善を中心とした100系（２層車両組み込みが特徴）を急遽開発し、０系の取替えを進めることとなった。

しかし、乗客増（ＪＲ発足時に比べ４年後の平成４年度には30％増）が進み、特に高速列車志向が目立ってきたので、ＪＲ東海内に設けた「高速プロジェクトチーム」が旧国鉄の研究を引き継いで、未着手の走行試験の実施等を中心としてフルモデルチェンジ車の開発を進めた。その結果、1993（平成５）年、時速270km（東京〜新大阪間２時間半）を目標速度に開発されたのが“300系”である。

車体は、次の点で画期的な特徴を持つ。まず省エネと沿線環境保全を図りつつ高速走行を実現したことである。次に車体の軽量化を徹底させアルミ合金製とし、車体と台車間に生ずるズレを解消するための鉄製の揺れ枕ばりも空気ばね改良で省略した。さらに交流モーターをVVVF（**注11**）方式で制御するとともに、交流回生ブレーキシステム（**注12**）の採用で大幅な省エネも実現した。また、床下への機器集中による低重心化、車高低下も走行抵抗、騒音防止につながっている。

車内は、100系からさらに改良され、航空機と同じ軽量座席の採用や空調の改良を行っている。一方、利用の少ないカフェテリアを廃止、サービスコーナーに切り替える等、「新しい乗客のニーズを反映したサービス面での対応」も受賞理由となった。

1994（平成6）年
日本貨物鉄道
“DF200形”ディーゼル機関車

贈呈式：1994（平成６）年９月15日（木）祝日

贈呈式は鷲別機関区で開催されたため、同区に近い「東室蘭郵便局」で記念押印を行った。押印用の台切手には、慶事用切手50円「折鶴」、当該年1994年の年賀切手41円「千葉の犬」（1993年11月発行）、北海道の絵図がデザインされた「環境変化と地理情報システム」（1991年８月発行）の記念切手及びＤＦ200形の“200”に因んで「第４次ローマ字入りシリーズ」の200円普通切手「はにわ（赤）」の４種類を組合せて使用した。ところで、この記念カバーには黒活印の押印のみで風景印を使用していない。その理由が何だったか明確に思い出せないでいるが、この押印が時間外窓口だったので、風景印は使用できないと言われたような気がしている。

日本貨物鉄道（ＪＲ貨物）は1987（昭和62）年、国鉄の経営改革に伴い旅客営業部門が全国６社に分割されたのに対し、貨物部門は全国１社となり、同社は、旅客６社の線路を使用（法定の使用料支払いのうえ）して営業することとなったので、法律上は第２種鉄道事業者となる。貨物輸送は発地と着地の連携が特に重要（貨物自体は自ら乗降しないため）なことが全国１社とした主な理由とされた。ＪＲ貨物の車両は、貨車（主にコンテナ車）と機関車から構成され、機関車の保有両数が他のＪＲに比し高いのが特徴である。

ＤＦ200形ディーゼル機関車（ＤＬ）は、非電化区間の貨物列車用として開発された様々な新技術を導入した、いわばハイテク機関車である。特に目立つのは、搭載したディーゼル機関で発電した電気をインバータ（変換器）を介して交流モーターを回して走行するディーゼル電気機関車ともいうべき車両であることだ。近年の電気技術の進歩でこのような強馬力機関車を開発することができたのである。出力3,500kW、VVVF（**注11**）制御が採用されたのも本線用機関車としては最初である。また、電車と足並みの揃う高速性能を持っているので、ダイヤ調整をしやすくする効果もあった。

本機の「省エネルギー輸送機関」としての「鉄道貨物輸送近代化のために果たした役割」が評価されての受賞となった。前年の同賞受賞のＪＲ貨物ＥＦ200形直流電気機関車（電化区間用）とともに新時代の貨物輸送に大きな相乗効果をもたらしたことが、異例の２年続きの貨物用機関車の受賞につながったものである。

1995（平成7）年 南海電気鉄道 “50000系”電車（ラピート）

50000系“ラピート” 1995年ブルーリボン賞受賞記念

The Commemoration of type 50000 EMU awarded with '95 BLUE RIBBON Prize 【平成7（1995）年9月10日】

【写真】 ブルーリボン賞に輝く50000系“ラピート”

贈呈式：1995（平成７）年９月10日（日）

贈呈式は大阪で著名な繁華街にある難波駅２階中央コンコースで開催され、また受賞車両が“関空特急”という関西を代表する列車であることから、記念押印局は「大阪中央郵便局」で行った。押印用の台切手には、この車両の使用列車“ラピート”が関西国際空港の旅客輸送用であることから、「関西国際空港開港記念」（1994年９月発行）の切手の「縦ペア貼り」をメインとし、慶事用切手80円「折鶴」と「大阪府ふるさと切手（文楽と中之島公会堂）」（1989年10月発行）を組合せて使用した。風景印の絵柄は、「バラの花の外枠に、都島川に架かる水昌橋、大阪城及び通天閣」を描いたもの。

大阪湾南部の海上空港として建設された関西国際空港と大阪難波を直結する空港アクセス特急専用の車両である。

南海電鉄は、大阪以南の主な都市と和歌山市、高野山方面とを結ぶ約160kmの路線を持つ大手民鉄で、その歴史は古く、1885（明治18）年に創業。現在、大阪難波～和歌山市間64.2kmを結ぶ南海本線、難波～極楽寺間63.6kmの高野線を骨格とし、和歌山港、多奈川、高師浜等の各支線を持つ。

50000系電車は、愛称名「ラピート」と命名された空港特急専用車として開発されたこともあって、思い切ったデザインの外観が目立つ。

車体は、空港アクセス特急にふさわしい力強さを表現するためとして、中世の騎士を思わせる円を基調とした独特の先頭形状と海上空港を象徴する濃紺一色の塗装となった。

車内は、木質を感じさせる落ち着いた雰囲気を醸しだしており、ここでも楕円が基調になった珍しいデザインが目立つ。このような特徴ある内外装が沿線の人々にも強烈な印象を与える話題作となった。ちょうど最近登場しローレル賞を受けた京都叡山電鉄の「ひえい」と相通ずるものがある。この車により車両デザインが多くの人々に鉄道を見つめ直す動機となったとさえいえよう。「ラピート」は大阪難波～関西空港間42.8kmを最速34分で走り、終日おおむね30分毎の高頻度で運行、もちろん全車座席指定である。関西空港アクセス特急としては、このほかＪＲ西日本の「はるか」が天王寺・新大阪経由で京都とを結んでおり、こちらもおおむね30分毎の高頻度運行、“281系、271系”の新型車両でサービスを競う。

50000系（ラピート）は、その車両設計の基本理念「力強さ、ゆとり、やすらぎ」を思い切ったデザインの車両にまとめることに成功し「多くの人々の関心を集めた」点が受賞理由となった。

1995（平成7）年
北海道旅客鉄道
“キハ281系”気動車

ローレル賞

キハ281系ディーゼルカー　1995年ローレル賞受賞記念

The Commemoration of type 281 Diesel Multiple Unit awarded with '95 LAUREL Prize【平成7(1995)年7月22日】

【写真】　ローレル賞に輝くキハ281系“スーパー北斗”
1995. 2. 23　撮影：関 崇博

[photo] Type 281 DMU has been honerd with LAUREL Prize.
This photo is taken by T.SEKI at 23rd of Feb.'95.

贈呈式：1995（平成７）年７月22日（土）

贈呈式は札幌駅２番線ホームで開催されたため、同駅近くに所在する「札幌中央郵便局」で記念押印を行った。受賞した車両は札幌～函館間の「スーパー北斗」に使用されていたので、押印用の台切手には、札幌を象徴するものとして「北海道ふるさと切手（北海道旧庁舎）」（1989年８月発行）、函館地区を象徴するものとして「国定公園切手（大沼と駒ケ岳）」（1961年９月発行）、当該年1995年の年賀切手80円「高山木版手染ぬいぐるみ・亥」（1994年11月発行）および慶事用切手80円「折鶴」との組合せを使用した。なお、風景印の絵柄は、「札幌の時計台とライラック」を描いたもの。

ＪＲ北海道は、1987（昭和62）年旧国鉄の経営改革に伴い発足した、北海道内の旧国鉄線3,176km（営業キロ）と青函トンネルをはさむ区間（開通までは青函連絡船）を承継した会社である。同社は、旅客営業の重点を札幌等の都市圏輸送、札幌と道内主要都市（旭川、釧路、函館方面）を結ぶ道内都市間輸送に指向した。その中で札幌～函館間は航空機との競合区間で、スピードアップが求められた。この区間は、非電化区間が大半であったので、キハ281系を開発、ＪＲ北海道オリジナル設計第一号の特急気動車として1994（平成６）年から営業運転に入った。

車体構造については、北海道の厳しい冬の自然環境にも耐えうる新設計の制御振子式（曲線通過の際、あらかじめ車体を内傾させ高速のまま通過させる）を導入する等で、最高速度は130km/h、札幌～函館間318kmを最速所要３時間を切って運行する「スーパー北斗」がこの車両で実現した。同区間の表定速度（総所要時間を距離で除したもの）は106.8km/hと100km/hを超え、ＪＲ各社在来線の最高記録を更新した。

車内サービスについても、座席等が在来車に比し改善され、前面連結部分に乗客用展望窓を設ける等、きめ細かな工夫が目立つ。

このように「寒冷地にも耐える気動車の制御振子装置」という複雑な機構の実用に成功したこと、「連続勾配の多い区間での高速運転が可能な車両」としたこと等、線区の特性にふさわしい「在来線最高速車両の開発」が高く評価され受賞理由となった。

（注１）なお、安全総点検の結果、ダイヤにゆとりを持たせた運行が必要とされたので、札幌～函館間特急気動車は現在、最速３時間20分余の暫定速度で運行している。（2019年現在）

1996（平成8）年
九州旅客鉄道
“883系”電車（ソニックにちりん）

贈呈式：1996（平成８）年８月３日（土）

贈呈式は受賞車両883系に因み1996（平成８）年８月３日に博多駅「博多口」広場にて開催されたため、同駅の近くの「博多郵便局」で記念押印を行った。押印用の台切手には、慶事用切手50円「宝雲に霞模様」と列車愛称“ソニックにちりん”の“にちりん（日輪）”を象徴する太陽のデザインを採用した記念切手「第50回児童福祉週間記念」（1996年５月発行）を使用した。883系を象徴する日付印「8.8.3」が印象的なカバーとなった。

〔風景印の絵柄は、1993年787系Ｂ賞に同じ。〕

ＪＲ九州は、３年前の1993年に次ぐブルーリボン賞の受賞。しかも1989年にはＪＲ発足直後の783系電車（ハイパーサルーン）もローレル賞を受賞しており、７年間に特急用電車の受賞が３度にわたるという珍しい例となった。

以前の受賞車両783系、787系電車が鹿児島、長崎、佐世保線の特急用（同線には、ＪＲ発足直前に本州各線から特急用485系電車が転用されていた）であったのに比べ、今回の883系は日豊線特急「にちりん」の増発・取替用に登場したものである。同線の急勾配・急曲線の多い厳しい線路条件、反面、風光明媚な観光路線でもある特性に対応するべく、九州初めての制御振子式（**注13**）交流電車として設計された。この点は、同年ローレル賞を受賞したＪＲ東海の383系（直流電車）と軌を一にする。

車体は車窓からの景観だけでなく、車両そのものも観光資源のひとつと考え、見る人も注目する美しさ、楽しさを表現することに特に留意したとしている。ロボットといわれるユニークな先頭車の形や外装もそれである。

車内は、楽しいくつろぎの場を提供するべく、快適性の追求が目立つ。独特のミッキーマウスを思わせるヘッドレスト付きの座席、椅子の配置も転換式シートのほか中央部にグループの多い観光客向けのボックスシートの設置等、近年の乗客ニーズを先取りする努力がそこに見受けられる。洗面所の男女別、身障者用の区別も新しい。

振子台車による高速化も実現、“ソニック883”のニックネームにふさわしい「視認性、快適性、高速性の三要素がバランスよく満たされた」ことが今回の受賞理由であった。

1996（平成8）年
東海旅客鉄道
“383系”電車（ワイドビューしなの）

贈呈式：1996（平成８）年９月８日（日）

贈呈式は在来線の名古屋駅10・11番線ホームにおいて開催されたため、同駅の「桜通口」北側に位置する「名古屋中央郵便局」において記念押印を行った。押印用の台切手には、慶事用切手50円「宝雲に霞模様」、東海旅客鉄道の車両が受賞したことに因んで「戦後50年メモリアルシリーズ切手（第３集）」（1996年８月発行）の０系新幹線をデザインした「高度経済成長（新幹線と高速道路）」を使用した。風景印の絵柄は「名古屋城の金鯱と名古屋駅前のシンボルタワーに駅前風景」を描いたもの。なお、「名古屋中央郵便局」の風景印は、2015年12月７日より「ＪＰタワー、名古屋城と金鯱」の絵柄に変更されている。

ＪＲ東海には12の在来線があるが、そのうち最も特急電車の運行本数が多いのは中央線（東京～塩尻～名古屋間のうち塩尻～名古屋間のいわゆる中央西線がＪＲ東海の担当区間）である。名古屋～塩尻～松本～長野間（塩尻～長野間はＪＲ東日本の篠ノ井線・信越線）の特急列車「しなの」は、１日片道13本を数える。運行区間は中部山岳地帯を縫って走るため、急勾配・急曲線が連続する厳しい線形が続く。旧国鉄では、この区間が電化されたのを機に1973（昭和48）年から振子機能（カーブで車体を内傾させ、円滑かつ高速で通過を図る）を持つ台車を装備した381系電車を投入、名古屋～長野間250kmを約４時間で走行する特急「しなの」を一挙に片道８本運行とし「Ｌ特急」（等時隔・高頻度特急）に指定した。運行開始後、20年以上経過し、取替期が近づいてきたので、ＪＲ東海はオリジナル設計の383系を開発、1995（平成７）年から営業運転に入った。

383系は、新開発の制御式振子装置（**注13**）を装備、車内居住性の改良、とくにパノラマ式展望席新設等、観光路線にふさわしい381系のフルモデルチェンジ車となった。

制御式振子装置とは、車輪の回転数等から列車の走行位置を検測して車体を内傾させて曲線部へ乗り入れるものである。さらに同時に開発装備した操舵式台車（**注14**）の機能と合わせて急カーブの円滑な通過と、横揺れの防止が可能となった。パノラマ式展望室（グリーン車）新設、シートピッチの拡大によるゆとりのある座席も乗客から好評を得た。新「しなの」383系は現在、名古屋～長野間最速所要時間２時間53分、１日片道13本、おおむね１時間ごとの運行である。

きびしい線路条件を克服するため、制御振子、操舵式台車等の新技術を導入、車内サービスも様々な改良を行ったことが受賞理由となった。

1997（平成9）年
北海道旅客鉄道
“731系”電車

贈呈式：1997（平成９）年９月７日（日）

贈呈式は札幌駅５・６番線ホームで開催されたので、駅の近くに位置する「札幌中央郵便局」にて記念押印を行った。押印用の台切手には、当該年1997年の年賀切手50円「沖縄張子・闘牛」（1996年11月発行）と北海道に因んだ「北海道ふるさと切手（エゾオコジョ）」(1997年５月発行)を使用した。

〔風景印の絵柄は、1995年キハ281系Ｌ賞に同じ。〕

1987（昭和62）年、旧国鉄の経営改革によって発足したＪＲ北海道は、営業重点線区を札幌等の都市圏輸送と札幌を中心とする道内主要都市を結ぶ都市間輸送とし、会社発足後ただちにこの重点区間用の新形式車両の開発に着手した。すでに紹介した都市間特急列車のキハ281系に続いて開発した都市圏輸送用の新形式車731系電車はその第二弾である。札幌都市圏は当時、道内で唯一の人口増加地域であり、混雑が激化するほか、都市圏（通勤圏）の範囲が広がってきた。小樽までは電化されて電車が運行されているが、以南倶知安方面は非電化区間で気動車のため、小樽での乗り換えが多くなっていた。

731系電車は、このような札幌都市圏の現状から混雑緩和と小樽以西から札幌への直通列車増発のため開発された。

車体は、混雑緩和のため、寒冷地として初めて３扉、デッキなしの開放式としたことが特徴である。このため寒気流入を防ぐためドア開扉時には温風エアカーテンが作動するという、寒冷地ならではの機構を採用した。

機能面では、非電化区間からの直通に備えて電車と気動車を併結して総括制御したうえ、130km/hの高速運転が可能な新開発の制御機構を備えた。

以上の２点、即ち寒冷地向けの新通勤電車の開発、非電化区間から直通する気動車と電車との総括制御が実現したこと。特に北海道冬季の厳しい「気象条件を克服」して円滑な「混雑時輸送への対応に新機軸」を導入したことが受賞理由となった。

1998（平成10）年
叡山電鉄
“900系” 電車（きらら）

900系電車　1998年ローレル賞受賞記念

The Commemoration of type 900 electric cars awarded with '98 LAUREL Prize 【平成10（1998）年9月19日】

【写真】 パノラミックなスタイルの900系電車（きらら）

[photo] Type 900 panoramic electric cars

カバー作成：関　崇博

贈呈式：1998（平成10）年９月19日（土）

贈呈式は修学院車庫で開催されたため、同車庫の近傍に所在する「左京郵便局」で記念押印を行った。押印用の台切手には、当該年1998年の年賀切手50円「三春張子・虎」（1997年11月発行）と地元の比叡山に因んだ「滋賀県ふるさと切手（比叡山の巨木と根本中堂）」（1996年７月発行）とを使用した。風景印の絵柄は、「大文字山を背景に平安神宮と銀閣寺」を描いたもの。

叡山電鉄（通称、叡電）は、京都市北部の出町柳～八瀬比叡山口の叡山本線と宝ケ池～鞍馬間の鞍馬線の２路線（14.4km）を持つが、両線いずれも京都市左京区内を走る。沿線には比叡山をはじめ有名社寺、観光地が多く、有数の観光路線となっている。

900系は、このような沿線を反映して展望車タイプの観光客向きの電車として開発されたもので、２両永久連結車である。

車体内外装については、まず観光地での「楽しい旅」を演出することを考えた。このため窓を大きく取り、車内座席にも窓側向けの席を用意し、車窓からの展望の幅を広げた。また、車体の塗装も紅葉を象徴した朱色をベースとしている。そして、車両が沿線の風光の中に組み込まれて、その美しさを演出するよう工夫されており「乗った時から観光地」効果を目指した。

観光列（電）車は座席指定、予約制のものが多いが、900系「きらら」は、一般ダイヤに組み込まれて運行、乗客は普通乗車券でも定期券でも自由に乗車でき、市民の日常の足としても機能しており、大衆的観光列車ともいえよう。

なお、運行区間は出町柳～宝ケ池～鞍馬間の鞍馬線直通の約18kmで、所要時間は約30分、後続の「ひえい」（732号、2019年ローレル賞受賞、後述）完成までは国内最短区間の「観光電車」であった。

なお、愛称名「きらら」は、同車の幅広いガラス窓の車体がクリスタルなイメージであることと、比叡山の旧登山道として名高い「雲母坂《きらら》」に因んだものである。

鉄道による「旅の楽しさ」と接客面での「アメニティを追求」した車両であることが受賞理由となった。

1998（平成10）年
熊本市交通局
“9700形”電車

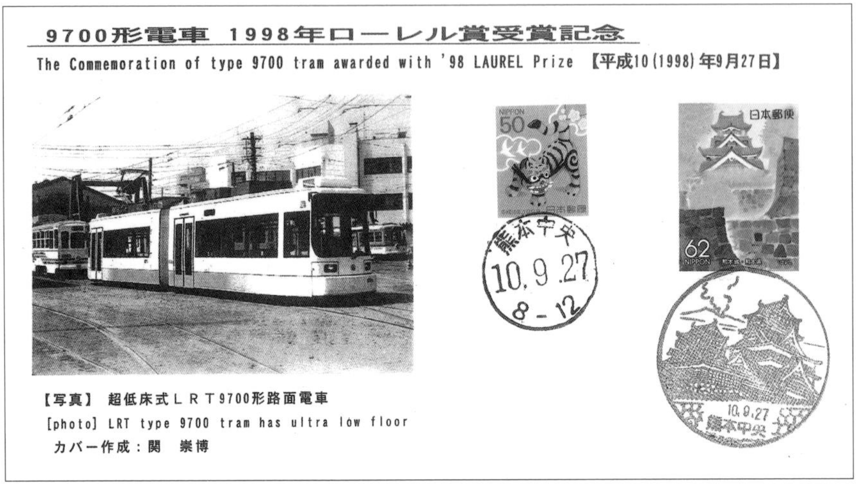

贈呈式：1998（平成10）年９月27日（日）

贈呈式は熊本市電「交通局前」に隣接する同局の車庫で開催されたため、この車庫から程近く、名城「熊本城」の西側に位置する「熊本中央郵便局」で記念押印を行った。押印用の台切手には、当該年1998年の年賀切手50円「三春張子・虎」（1997年11月発行）と地元に因んだ「熊本県ふるさと切手（熊本城）」（1989年９月発行）を使用した。風景印の絵柄は、「熊本城を大きく配し、噴煙の阿蘇の遠望」を描いたもの。

熊本市交通局（熊本市電）は熊本市内、田崎橋〜熊本駅〜健軍《けんぐん》町間と辛島《からしま》町〜上熊本駅間の２路線、計12.1kmの路面電車路線を持つ。

熊本市電は、路面電車の近代化に積極的に取り組み、「新しい」市内電車に脱皮して多くの市民の支持を得て、今も活躍中である。その経緯を見ると、まず1978（昭和53）年には日本の路面電車初の「冷房車」を登場させた。次いで、1982（昭和57）年には、これも国内で初めてVVVF（**注11**）制御方式を導入した。そして今回受賞の9700形電車が国内初の低床（連接）車として続いた。路面電車が市民の日常に密着した存在として機能するためには今後、身障者、お年寄りも気軽に乗降できるようなバリアフリー対策が不可欠であると認識、先進の欧州諸国の例に範をとって開発を進めた結果でもあった。なお、形式名の“9700形”は新製年の1997年に因んでの命名である。

車体は、ドイツの車両に範を求め、これを日本の基準と熊本市の線路条件に適合するよう設計された結果、２車体連接式低床車（床面高さ30〜40cm）となった。連接・低床車は国内初の導入であっただけに、学識経験者、車両メーカーの技術者等による慎重な協議、検証を重ねたうえ完成させたものである。

この車両は、「低床路面電車としての先行製作車両」でもあることから、今後このような電車が「続々登場することを期待」し、その「パイオニア性に着目」しての受賞となった。

その後、熊本市電に続いて岡山、広島、高岡、福井各市内の路面電車に相次いで低床車が導入されている。

1999（平成11）年
西日本旅客鉄道・東海旅客鉄道
“285系”電車（サンライズ瀬戸、出雲）

285系電車1999年ブルーリボン賞授賞記念　平成11(1999)年9月25日(土)

The Commemoration of type 285 EMU awarded with '99 Blue Ribbon Prize

【写真】サンライズエクスプレス285系寝台電車
カバー企画：関　崇博

贈呈式：1999（平成11）年9月25日（土）

贈呈式は新大阪駅の在来線18番線ホームで開催されたため、同駅構内に設けられた「淀川郵便局新大阪駅内分室」で記念押印を行った。押印用の台切手には、当該年1999年の年賀切手50円「佐原張子餅つきうさぎ」（1998年11月発行）と慶事用切手80円「寿」を使用した。風景印の絵柄は、「パンジーの花の外枠に十三大橋と新大阪駅付近の風景」を描いたもの。なお、記念押印を行った「淀川郵便局新大阪駅内分室」は、2014（平成26）年2月15日に廃局となった。

旧国鉄の夜行急行列車には寝台車が連結されるのが定位となっていたが、1958（昭和33）年から東海道・山陽・鹿児島線東京～博多間の寝台特急「あさかぜ」は画期的な固定編成、空調完備の寝台（当初は２両の座席車を連結）専用列車に置き換えられた。この列車は、群青色に塗装されていたので、何時の間にか“ブルートレイン”と呼ばれるようになる。ＪＲ発足時、東京～九州・山陰間を結ぶブルートレインが片道９本運行されていたほか、東北・奥羽・北陸各線をはじめ全国主要幹線にわたるブルートレインのネットワークが形成されていた。その後、高速バスの普及、新幹線の相次ぐ開業・スピードアップもあり、夜行列車の需要が急減するとともにブルートレインの車両取替時期も近づいてきた。そこでＪＲ西日本・ＪＲ東海両社が協議し、東京～出雲市・高松間の直流電化区間に限って新しく電車による新形式の寝台列車を共同開発することとなった。（電車としたのは高速運転が可能なことと東京駅等での機関車付け替え等の作業が省略できるため）この結果が約四半世紀ぶりの新形式寝台列車285系電車の登場となった。

電車の編成は７両固定編成、近年の乗客のニーズを反映してオール個室（１両のみ絨毯張りの通称、のびのび座席車）で１～３人個室が用意されている。１両のシングルデラックスを除いてＢ寝台車である。車内の洗面所等の諸設備も一新された。

現在、東京～岡山間は14両編成で運行、岡山から７両ずつに分割して出雲市と高松へ直行する。（シーズンには琴平、松山まで延長されることもある。）

時間帯が良いのとオール個室のため特に婦人層に人気があり、年間平均乗車率７～８割をキープしている。この結果は、商品としての寝台需要には一定の固定需要があることを示しており、従来有力だった夜行寝台列車廃止論に一石を投じる車両ともなった。

なお「サンライズ」の列車名は「さわやかな夜明けを感じさせる明るい塗色と流麗な車体等のデザイン」に因んで命名されたものであり、この点がまた受賞理由ともなった。

1999（平成11）年
スカイレールサービス
スカイレール“200形”客車

スカイレール200形客車1999年ローレル賞授賞記念　平成11(1999)年8月28日(土)
The Commemoration of type skyrail-200 coach awarded with '99 Laurel Prize

【写真】スカイレール200形客車
カバー企画：関　崇博

贈呈式：1999（平成11）年8月28日（土）

贈呈式は、ＪＲ山陽本線「瀬野」に接続するスカイレールの終点である「みどり中央駅」の２階コンコース（広島市安芸区瀬野西４丁目４）で開催されることになったが、同駅の近傍には土曜日開局の郵便局がないため、市内の「広島中央郵便局」で記念押印を行った。押印用の台切手には、当該年1999年の年賀切手50円「佐原張子餅つきうさぎ」(1998年11月発行）と慶事用切手80円「寿」を使用した。風景印の絵柄は、「原爆慰霊碑と原爆ドームを配し、広島城とモミジ」を描いたもの。

珍しい車両が初めての受賞となった。車種分類としては「懸垂式モノレール」とされている。スカイレール社は、広島市の山陽線瀬野駅北方丘陵地に開発された住宅団地と瀬野駅付近とを結ぶ新交通システム・スカイレールを運営する会社である。同社は、社名も広島短距離交通、瀬野線みどり口～みどり中央間1.3km（中間駅１カ所）に、上記の懸垂式モノレールを1998（平成10）年軌道法による認可を受けて開業した、法律上はれっきとした鉄道である。同線は、丘陵地の宅地開発による環境悪化への懸念から自動車利用を極力避けたいとする沿線住民の意向を反映して新交通システムを開業したものである。その新交通システムは近代技術をフルに導入して建設された。

車体は、安全運行のためATC（自動運行制御方式）を採用、発車、停車、加減速にはリニア駆動方式が採用されているのが特色である。外装は、懸垂式「モノレール」と索道式「ゴンドラ」を足して２で割ったようなものと、当時の鉄道友の会紹介記事ではその姿を説明している。

因みにこの軌道の建設された瀬野は広島市の東部にあり、山陽線沿いの町である。山陽線瀬野駅から東、八本松駅までの約10kmに連続急勾配区間（25‰）がある。かつて特急をはじめ全上り列車が瀬野で停車、後押しの補助機関車を連結（戦後、特急は広島から補助機関車を連結したので通過となる）して八本松駅で解放（一部は通過中の自動解放）していた。山陽線の最大の難所セノハチの名は鉄道ファンの誰もが知るところであった。当時、多数の補機を収容する基地もあり、瀬野は“鉄道の町“としても知られていた。電化で補機の必要も減り、代わって広島市の東部への発展で郊外住宅地として急激な変貌を遂げ、このような新交通システムが建設されるに至った。「将来への期待を込めた車両の独創性」が受賞理由である。

2000（平成12）年
東日本旅客鉄道
“E26系”寝台客車（カシオペア）

E26系客車 2000年ブルーリボン賞授賞記念　　平成12(2000)年6月20日(火)

The Commemoration of type E26 coaches awarded with 2000 Blue Ribbon Prize

【写真】　E26系客車“カシオペア”
カバー企画・写真：関　崇博

贈呈式：2000（平成12）年6月20日（火）

贈呈式は、後述の東日本旅客鉄道209系950番台（E231系）のL賞の贈呈式との合同行事として上野駅の地上14・15番線ホームで開催されたため、駅に程近い「上野郵便局」で記念押印を行った。押印用の台切手には、この寝台列車が北海道へ向けて走り抜ける「青函トンネル」開業を祝う「青函トンネル開通」（1988年3月発行）の記念切手と慶事用切手50円「ハート」を使用した。風景印の絵柄は、「浅草雷門の提灯の中に、上野動物園のパンダ、西郷隆盛像及び不忍池」を描いたもの。なおこの絵柄の風景印は2001年3月31日をもって廃止されている。

東日本旅客鉄道（JR東日本）は、1987（昭和62）年の国鉄経営改革に伴い発足した、ＪＲ旅客会社６社のうち最大規模の会社で、社員約４万人を擁し、東北・上越新幹線を中心に、東京・神奈川以北の東日本、北日本の旧国鉄線（営業キロ7,657km、開業時）を承継した。発足翌年の1988（昭和63）年には青函トンネルが開通し、本州・北海道間が約50kmの海底トンネルで直結された。当時は、会社発足直後だったため新形式車の投入が間に合わず、新設の北海道直通特急「北斗星」は在来形の、いわゆるブルートレインに使用中の24系客車の改造で対応した。

その後、青函トンネル経由の列車に充当する新製車として1999（平成11）年に登場したのがＥ26系「カシオペア」である。たまたま東京～山陰・四国方面にＪＲ西日本、ＪＲ東海が共同開発した285系寝台電車と東西ほぼ同時期の登場となった。

車体については、Ｅ26系は12両固定編成の客車列車で、全車２層構造である。285系がシングルデラックス（１両）を除いてすべてＢ寝台個室だったのに比し、乗車距離の長さ、「北斗星」との併用も考え全室Ａ寝台となり、高級ホテルをイメージできる豪華列車としたことが特徴である。

車内は、２人用個室「カシオペアツイン」を中心にややグレードの高い「カシオペアデラックス」、車いす対応の「カシオペアコンパート」、さらに最高級の「カシオペアスイート」と、乗客のニーズに応じたきめ細かなサービス区分を開発したのも特徴だ。上層の展望レストラン（階下は厨房）のほか電源車の上層部に共用ラウンジを設けたほか、共用シャワールームも２カ所に設けられている。

「旅の楽しさを創り出す新時代を演出する列車」となったことが受賞理由であった。

2000（平成12）年
東日本旅客鉄道
“209系950番代”電車(E231系)

LAUREL PRIZE
ローレル賞
鉄道友の会

209系950番代（E231系）電車2000年ローレル賞授賞記念　平成12(2000)年6月20日(火)
The Commemoration of type E231 EMU awarded with 2000 Laurel Prize

【写真】　209系950番代（E231系）電車
カバー企画・写真：関　崇博

贈呈式：2000（平成12）年6月20日（火）

贈呈式は、前述のE26系の贈呈式と併せて上野駅の地上14・15番線ホームで開催されたため、E26系“カシオペア”と同じく「上野郵便局」で記念押印を行った。押印用の台切手には、この電車が投入された中央総武緩行線の沿線である千駄ヶ谷付近の風景に因み「東京都ふるさと切手(神宮外苑のイチョウ並木)」(2000年１月発行）と慶事用切手50円「ハート」を使用した。

〔風景印の絵柄は、2000年E26系B賞に同じ〕

ＪＲ東日本は会社発足後初の都市圏用（近郊型）電車のモデル（システム）チェンジ車として209系950番代電車を登場させた。改良点は、次世代技術を導入したといわれるように、209系を原型としつつも細部数十項目にわたる。

車体については、車幅は約2,800mmから2,950mmに拡幅、最高速度を110km/hから120km/hに、行先表示器等のLED化、シングルパンタの採用、腰掛の改良等が目立つ。

さらにTIMS（**注16**）を導入、保守管理業務の省力化実現、安全性の徹底等が盛り込まれている。これによって出発前の諸点検（自動列車停止システム、表示灯、各種機器の作動確認、防護無線の機能確認、ドア開閉、ブレーキ起動試験等）が自動で行われるなど、まさに新技術の塊というべき高度なシステムを備えた車両となった。

車体幅が下部の絞り込みによって150mmではあるが広がったことは、混雑時には大きい効果をもたらした。また、最高120km/h運転が可能となったことで、列車の延べ運転時間（トレインアワー）が短縮され、より効率的なダイヤ編成にもつながった。

209系950番代は、このような高性能電車のプロトタイプとして登場、量産に入る時から“E231系”となった。そして、同系が都市圏（通勤）型４扉車として首都圏の中央総武緩行線などでそれぞれ運行に入った。

新時代の電車の備えるべきシステムを先行して徹底的に追求して実用化し、「今後の車両設計のベースとなる新規性」が受賞理由となった。

2000（平成12）年
東海旅客鉄道・西日本旅客鉄道
“700系”新幹線電車

ローレル賞

700系新幹線電車　2000年ローレル賞授賞記念　平成12(2000)年9月23日(土)

The Commemoration of type 700 Shinkansen EMU awarded with 2000 Laurel Prize

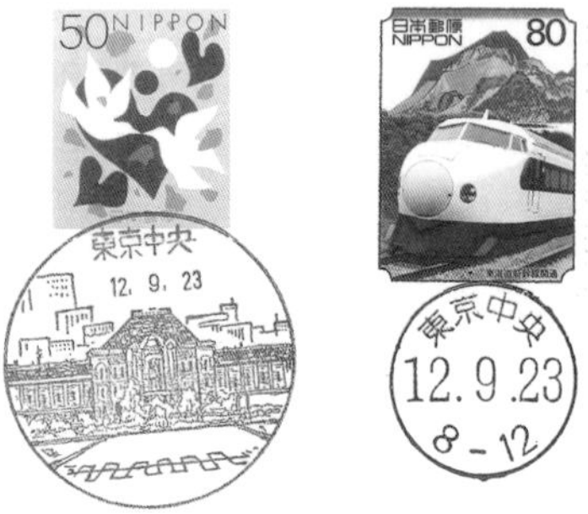

【写真】　東京駅に入線する700系新幹線電車

カバー企画・写真：関　崇博

贈呈式：2000（平成12）年9月23日（土）祝日

贈呈式は東海道新幹線の東京駅16番線ホーム（日本橋口寄り）で開催されたため、同駅の南西側に隣接する「東京中央郵便局」で記念押印を行った。押印用の台切手には、慶事用切手50円「ハート」と、受賞車両が東海道新幹線用であることに因み“浮世絵の箱根風景と0系”をデザインした「20世紀デザイン切手シリーズ（第12集）」(2000年7月発行）の「東海道新幹線開通」の切手を使用した。風景印の絵柄は、「東京駅赤レンガ駅舎」を描いたもの。

〔この絵柄の風景印は1996年4月24日より使用開始、2012年7月17日廃止〕

東海旅客鉄道（ＪＲ東海）は、その基幹路線である東海道新幹線に1992（平成４）年から最高時速270kmの300系を投入して東京〜新大阪間を２時間半で結ぶ「のぞみ」を運行し、高い利用率を維持してきた。投入後10年近く経過し、今後の取替時期も念頭に後継車開発を進めた。その成果が700系である。最新技術の導入はもとより、300系の使用実績の分析・反省のうえに立って、相互乗り入れを行うＪＲ西日本との共同開発により完成したものである。改良の重点は乗り心地、車内の静粛性、環境への適合性、それに車両性能のさらなる向上、製造コストの削減等であった。

一方、ＪＲ西日本でも1996（平成８）年に新設計の500系を開発、東海道新幹線への直通も行っていたが、この車両もさらなる効率化等の改良を計画していた。そこでＪＲ東海の300系で培われた技術に500系を開発したＪＲ西日本の技術を統合して、両社の共同開発として進めることとなり、山陽新幹線区間最高速度285km/hの700系が完成したのである。

車体はまず、空力特性を考慮した先頭形状の変更（エアロストリーム型と通称される）である。さらにシングルアームパンタグラフの採用等による騒音軽減を図り、車体振動軽減のためには中空押出し部材によるダブルスキン構造（**注15**）採用で、車内の静けさを保つとともに車体（車内）振動を軽減させた。

制御装置は新開発のVVVF（**注11**）制御方式で省エネも実現している。

開発は、300Ｘ試作車による長期間の試験走行を経て、1997（平成９）年先行試作車１編成を入線させ、さらに長期間試験走行を行って、性能確認のうえ量産に入り、1999（平成11）年から量産車が登場した。「次世代を担う新幹線電車」としての「完成度の高さ」が受賞理由となった。

2001（平成13）年
九州旅客鉄道
“885系”電車（白いかもめ）

885系電車2001年ブルーリボン賞授賞記念　　平成13(2001)年8月25日(土)

The Commemoration of type 885 EMU awarded with 2001 Blue Ribbon Prize

【写真】新時代の究極の特急電車885系“白いかもめ”

カバー企画：関　崇博

贈呈式：2001（平成13）年8月25日（土）

贈呈式は在来線の博多駅コンコース「GIGAⅡ」（発車式は1・2番線ホーム）にて開催されたため、同駅でのイベントには恒例となった同駅近くの「博多郵便局」で記念押印を行った。押印用の台切手には、慶事用切手50円「ハート」と地元福岡に因んだ「福岡県ふるさと切手（博多人形）」（2000年8月発行）を使用した。

〔風景印の絵柄は、1993年787系B賞に同じ〕

九州旅客鉄道（ＪＲ九州）は会社発足以来10年間に783系（ハイパーサルーン）、787系（つばめ）、883系（ソニック）と独特のデザインを持つ特急用電車を相次いで開発、鹿児島、長崎、佐世保、日豊と同社の４幹線に充当してきた。上記の各車両はいずれもブルーリボンまたはローレル賞受賞車両となっている。

885系は６両固定編成の交流電車で制御振子式車両（注13）である。

車体は、運転台付近の黄色のアクセントのほかほぼ白一色に塗装された、アルミ製である。（２次車以降はアクセントを青色に変更）

車内も、白を基調色としてデザインされている。また、本革を用いた座席、木の床、車内照明等が車内の快適性を際立たせているのが特徴である。

885系は主に長崎線博多〜長崎間の運用に入るので、同系統の列車名に因んで「白いかもめ」の愛称で呼ばれる。先行して製作されていた783系、787系、883系と合わせて885系が加わり、４種のＪＲ九州オリジナル設計の新製車が各線に出揃った。これによって鹿児島「有明」、長崎「かもめ」、日豊「にちりん」、佐世保「みどり」の九州４「Ｌ特急」の旧国鉄型（485系）車両を逐次置き換え、モデルチェンジが急進した。

因みに九州各線は国鉄末期、利用効率を高めるため急遽急行を廃止、特急（30〜60分等時隔Ｌ特急化）に一元化することになったので、本州各線で使用中の485系を急遽抽出、充当したので経年の高い車両が多かった。

885系等デザインを一新した新車の一連の登場は、これらの車両を取替えることでＪＲのイメージアップにも大きい効果をもたらした。

885系は、このように「九州特急リニューアルのいわば集大成」の役割を果たしたことが受賞の大きい動機となった。

2001（平成13）年
名古屋鉄道
“モ800形”電車

贈呈式：2001（平成13）年8月5日（日）

贈呈式は新岐阜駅の7番線ホーム（美濃町線ホーム）で開催されたため、同駅の近くに所在する「岐阜中央郵便局」において記念押印を行った。押印用の台切手には、慶事用切手50円「ハート」と岐阜に因んだ「岐阜県ふるさと切手（花の都ぎふ）」（1995年4月発行）を使用した。風景印の絵柄は、「岐阜城、岐阜提灯に長良川」を描いたもの。

名古屋鉄道（通称、名鉄）は、名古屋本線（岐阜～豊橋間約100km）を基幹路線とし、犬山、常滑（空港）、河和各線をはじめ愛知、岐阜両県下に約500kmに及ぶ多くの路線を持ち、傍系のバス路線と密接な連携のもと幅広い交通ネットワークを展開している。中部国際空港が常滑沖に開港、空港線も開業し空港アクセス輸送の中心的役割も担い、国際輸送とも連携するに至った。

一方、戦時中に多くの中小私鉄を合併したため一部には路面電車路線も存在した。モ800形はそのひとつ美濃町線（徹明町～美濃関間約18kmの旧美濃電鉄線）で運行したものである。

車体は、路面低床式（単体）がその特徴である。しかもコスト低減を重視したため、他の低床車のように台車や駆動装置等に多くの輸入部品等は用いず、台車、駆動装置すべて在来構造のものを用いた。このため床もスロープ付きの独特の形となっている。コスト、サービス、メンテナンスの３方向から総合的に有利と判断したからと聞く。連接車には低床式が多く採用されているが、１両単位の低床車は珍しい。このため１両単位という設計上の制約の中から在来装置部品を採用するなど「製作費と維持コストの低減」に留意しつつ、「サービス面での改善」（特に乗降しやすい車両として）に留意した工夫が高く評価され、受賞理由となった。

（注２）美濃町線は途中、田神から各務原線（鉄道）に乗り入れ、新岐阜への直通運転を実現したほか、関では並行する長良川鉄道への乗り換えのための路線、数百メートルを新設、同鉄道との並行区間を廃止するなど、ユニークな取り組みを行って存続に努めた。しかし、路面区間が多く、定時運転の確保が難しいことから乗客減が著しく、2005（平成17）年全線廃線となり、現存していない。

2002（平成14）年
東日本旅客鉄道
“E257系”電車

BLUE RIBBON
賞
ブルーリボン
鉄道友の会

E257系電車 2002年ブルーリボン賞授賞記念

The Commemoration of type E257 EMU awarded with 2002 Blue Ribbon Prize

平成14(2002)年10月7日(月)

【写真】E257系電車“あずさ”

カバー企画＆写真：関　崇博

贈呈式：2002（平成14）年10月7日（月）

贈呈式は松本駅1番線ホームにて開催されたため、同駅に近い「松本郵便局」において記念押印を行った。押印用の台切手には、式典開催地の松本という地域に因んだ「長野県ふるさと切手（信濃の国；上高地）」（2000年12月発行）と「長野県ふるさと切手（松本城太鼓門）」（1999年4月発行）とを使用した。風景印の絵柄は、「北アルプス槍ヶ岳を背景に松本城と松本てまり」を描いたもの。

ＪＲ東日本中央線は、旧国鉄時代から新宿～甲府～松本間に「かいじ」「あずさ」の２系統の特急がおおむね30～60分毎に頻発していた。車両は、直流電車183系が中心であった。183系の取替用として開発されたのがＥ257系である。同区間はビジネス客、観光客が相半ばするとともに需要の季節波動が大きい。また中部山岳地帯へ向かう路線のため急勾配、急曲線も多い厳しい路線条件である。このような課題を克服するべく新技術の導入と長年の運行実績のうえに立って開発された。

車体は、アルミ、ダブルスキン構造（**注15**）による軽量車体となった。また重心を低くし安定走行を図るため空調機器等の床下への搭載、VVVF制御方式（**注11**）の導入等で厳しい路線条件に対応させた。外装は、車体中央側面に菱形模様に桃、碧、黄、青紫、緑の５色のアクセントをつけ、明るい、楽しい列車であることを強調した。先頭形状の１枚ガラスを黒で囲んだ独特のデザインも注目ポイントだ。

車内も明るい、温かい雰囲気のデザインで統一されており、特にトンネル出入りの多い区間に配慮して車内気圧変動緩和対策をとり居住性（乗り心地）の改良に努めている。

厳しい「線路条件、複雑なニーズに新技術をバランスよく導入して克服」し、今後の「直流汎用特急用車両のベースとなった」ことが受賞理由である。

（注３）この車両が導入されてから20年近く経過したが、その間の技術開発には著しいものがある。そのような新技術等を取り込んだ姉妹車ともいうべき“Ｅ353”系が2017（平成29）年から営業運行に入っている。なお、このＥ353系も2018（平成30）年ローレル賞を受賞した。

2002（平成14）年
西日本旅客鉄道
“キハ187系”気動車

LAUREL PRIZE
ローレル賞
鉄道友の会

贈呈式：2002（平成14）年10月26日（土）

贈呈式は米子駅５番線ホームで開催されたので、通常であれば贈呈式会場に近い「米子郵便局」で記念押印を行うところだが、今回は後述するように押印用の台切手の絵柄と風景印との絵柄を一致させることをも考慮し、お隣り島根県松江の「松江中央郵便局」においても併せて記念押印を行った。押印用の台切手には、地元の米子に因んだ「鳥取県ふるさと切手（大山）」（2001年６月発行）と「島根県ふるさと切手（松江城）」（2001年３月発行）とを使用、大山の切手には米子局の風景印（絵柄は「大山に皆生温泉と温泉マーク」）を、また松江城の切手には松江中央局の風景印（絵柄は「松江大橋に松江城」）を押印した。

ＪＲ西日本は、北近畿、中国地方の日本海側では京都、兵庫、鳥取、島根、山口の５県にわたる400km余の山陰線と山陽新幹線に接続する陰陽連絡路線を担当する。そのうち鳥取、島根両県内山陰線約300km区間には中小都市が東西に数珠状につながり、その間に多くの観光地が点在する。この山陰縦走路線と陰陽連絡線に高速列車を導入するべく沿線自治体の協力を得て軌道強化に取り組んだ。特に山陰線は乗客の流れが細かく分かれるうえ季節波動の多いところなので、短編成で高頻度、しかもきめ細かい運行系統とするため、いわゆる軽快特急が期待され、このため開発されたのがキハ187系である。

車体は、２両編成を基本とする軽量ステンレス製、外板はステンレスなので正面と側面窓下に黄色のアクセントをつけた無塗装である。

機能面では、高速走行に備えて450馬力の大出力エンジンを１両あたり２基搭載する。曲線区間が多いため、制御付振子方式（注13）を採用し、曲線での円滑な高速運転が可能となった。

一方、冷房用エンジンを省略、走行用エンジンから定速回転装置を介して小型交流発電機により冷房装置を駆動させる方式とし、軽量化と省エネを図った。

客室内は、木質系の暖かい、柔らかい雰囲気、もちろん回転式リクライニングシートである。

キハ187系は現在、鳥取・米子～益田・新山口間山陰縦走特急（約２時間間隔で同区間約300kmを３時間半で結ぶ）と陰陽連絡岡山～鳥取間（智頭急行線経由）で、その機動性を活かして２両編成を基本として運行中である。

「多様な需要」に堪える「新技術導入」の軽快気動車の実現が受賞理由となった。

2003（平成15）年
近畿日本鉄道
“21020系”電車(アーバンライナーNEXT)

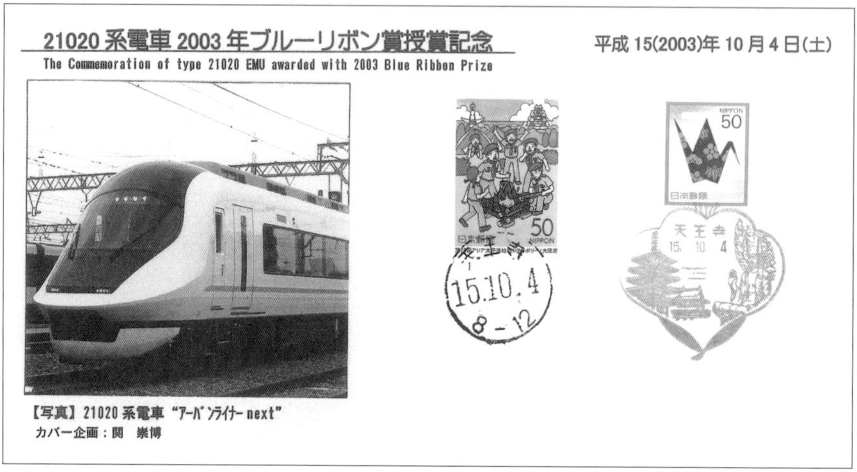

贈呈式：2003（平成15）年10月4日（土）

贈呈式は上本町駅地下コンコースの特設ステージで開催されたため、同駅近くの「天王寺郵便局」にて記念押印を行った。押印用の台切手には、大阪に因んだ切手としての「大阪府ふるさと切手（第3回アジア太平洋地域ジャンボリー）」（2002年7月発行）と慶事用切手50円「折鶴」を使用した。風景印の絵柄は、「モモの花の外枠に、四天王寺の五重宝塔、金堂及び救世観音菩薩像」を描いたもの。

近畿日本鉄道（通称、近鉄）は、大阪と名古屋、伊勢を結ぶ大阪山田線、名古屋線をはじめ奈良線、京都線、南大阪線を中核とする約500kmの路線を持つ日本最大級の大手民鉄である。戦時合併を経て今のかたちになったので、現在では、軌間は標準軌（1,435mm）のほか南大阪線等の狭軌線（1,067mm）があり、路線環境も大都市近郊路線から山間部の閑散路線まで様々である。近年、閑散路線は経営改善のため第3セクター等に移管しつつある。揖斐線、養老線、八王子線、内部線などがその例である。

一方、地下鉄や他民鉄との相互直通路線も多く、近畿一円にネットワークの幅を広げつつある。

近鉄は、看板列車として名阪特急（名古屋～大阪間）を1948（昭和23）年から定員制有料特急として運行している。21020系は、この名阪間特急車両として2002（平成14）年に登場した。先行の特急車21000系（アーバンライナー）が入線後15年が経過したので、その間の著しい車両技術の進歩と乗客のニーズの変化を取り込み、「名阪特急」のサービス水準を高めるべくその後継車として設計された。

車体の先頭部は、大型曲面ガラスをはめ込み、黒塗りのアクセントを加えた。外面は白を基調とし、オレンジ色の帯を締める。

車内の客室設備には事前に乗客のアンケートを取るなど、最近のニーズを反映させた。女性客（4割を占める）、観光客の利用が多いことに着目し、座席は「揺りかご形」の新設計で、背もたれと座面を連動させて座りやすくしている。また2カ所の女性専用トイレを設け、車内全面禁煙とし喫煙コーナーを設ける分煙方式を採用した。一方、編成中のデラックス車は3列シート、電動リクライニング（最大角度37度）椅子を導入した。

21020系が“アーバンライナーNEXT”の名にふさわしく「乗客の声を尊重」するとともに「最新技術をサービス面も含む車両全体にきめ細かく反映させた」点が受賞理由となった。

2003（平成15）年
岡山電気軌道
“9200形”電車（MOMO モモ）

LAUREL PRIZE
ローレル賞
鉄道友の会

贈呈式：2003（平成15）年11月9日（日）

贈呈式は東山車庫の南車庫で開催されたため、同社が所在する岡山市を代表する郵便局の「岡山中央郵便局」で記念押印を行った。押印用の台切手には、慶事用切手50円「折鶴」と式典開催地の岡山に因んだ切手として「岡山県ふるさと切手（岡山城天守閣）」（1997年５月発行）を使用した。風景印の絵柄は、「日本三大庭園の一つである後楽園と岡山城の風景に白桃と鶴」を描いたもの。

岡山電気軌道は、岡山市内の路面電車で岡山駅前～東山間の東山本線と柳川～清輝橋《せいきばし》間の清輝橋線、計4.7kmの路線を持つ。

車体は、欧州の車両メーカーのものをベースに地元出身のデザイナー、水戸岡鋭治氏のインテリアデザインを取り入れて製作された。丸みを帯びた外観を持つ、超低床式２車体連接の車両で、「MOMO モモ」（桃）の愛称がつく。

車内のデザインも9200形の印象を際立たせる木製座席（多数の補助席も）、すだれ状のカーテンなどが落ち着いた雰囲気を醸し出している。なお、電装品は、ほとんど国産品を用いており、海外の技術をベースにしつつも日本の鉄道として街の特情にも適応した車体・車内としていることに注目したい。この電車は、富山のライトレールと同じように鉄道線への乗り入れ可能な設計となっている。この点がＪＲ吉備線のライトレール化の促進への気運を高めたといわれる。因みに吉備線はライトレール化がほぼ決定したとのことで、富山市のように、この9200形や、その後継車などが同線を走るのもさほど遠いことではなさそうである。

なお、この車両の製造にあたっては自治体、市民団体の提案を受けるかたちで行われた。そして、製作費の一部を市民からの募金によるという異例の方式がとられた。車内には、この寄付者名を記したプレートが取り付けられ、市民の熱意と参加でこの車が実現したことを示している。

このような「鉄道整備に地元自治体、市民が参加」し、岡山市の「イメージアップをこの車両に託し、またそれが実現」したことも大きい受賞理由となった。

2004（平成16）年
四国旅客鉄道
“5100形”電車（マリンライナー）

贈呈式：2004（平成16）年9月18日（土）

贈呈式は高松駅9番線ホームにて開催されたため、同駅の近傍に位置する「高松中央郵便局」で記念押印を行った。押印用の台切手には、慶事用切手50円「折鶴」と今回の受賞車両が瀬戸大橋線を運行することに因んで「瀬戸大橋開通」（1988年4月発行）の記念切手のペア貼りを使用した。風景印の絵柄は、高松の名勝である「栗林公園」を描いたもの。

ＪＲ四国は、1987（昭和62）年の旧国鉄の経営改革（分割民営）によって発足した旅客鉄道６社のひとつで、四国内のＪＲ線880km（営業キロ、予讃線ほか９線）を経営する。1988（昭和63）年、本四架橋により開通した瀬戸大橋線経由で、岡山〜高松間に快速電車「マリンライナー」が運行され、両駅間を約60分で結んでいる。そのマリンライナーに連結（高松寄り先頭車）のグリーン車のモデルチェンジ車として2003（平成15）年に入線したのがＪＲ四国の5100形で、路線の性格から観光客向きの仕様となっている。

車体は、高松寄り先頭車となるステンレス製の２階建て構造が特徴である。

車内は、張り上げ窓など眺望を考えた２階部のグリーン車（席数36）と階下部と車端部の普通車（席数34）からなる。内、車端部の２席は身障者対応設備を備え、多目的化粧室が隣接する。

マリンライナーは、5100形とＪＲ西日本の223系をベースとした223系5000番台から構成される６両編成が基本編成となった。終日おおむね30分間隔の高頻度（停車駅は早島、茶屋町、児島、宇多津、坂出）の運行である。

本四間を走る特急列車は、岡山から宇多津経由で四国各線に直通するが、徳島方面への列車を除いて高松を経由しないので、マリンライナーは本州方面と坂出以東高松方面を連絡する高速列車として通勤通学客の利用も多く、高い利用率となっている。

このグリーン車5100形は多目的化粧室など特急用車両に準ずる高度の車内設備を持ち、「ひとつの車両に多様な需要に応える設備を快速車両用の車内にも備えたこと」が評価され受賞となった。

2005（平成17）年
日本貨物鉄道
“M250系”コンテナ電車

BLUE RIBBON
賞
ブルーリボン
鉄道友の会

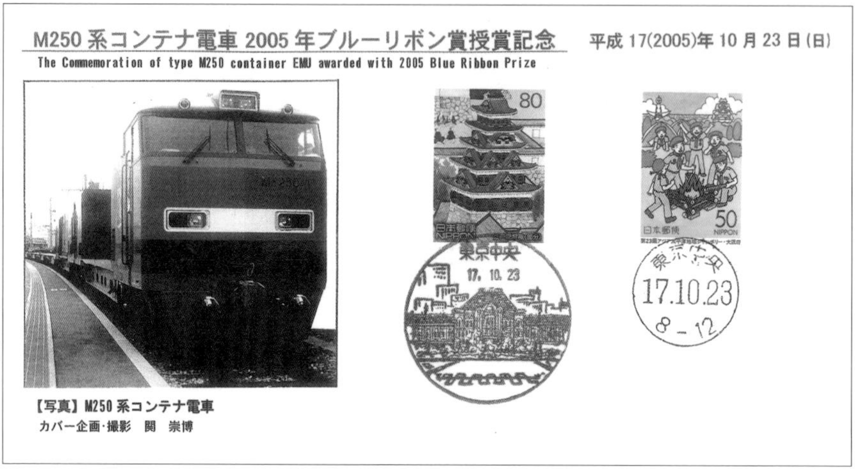

贈呈式：2005（平成17）年10月23日（日）

贈呈式は「東京貨物ターミナル」（東京都品川区八潮）の荷役12番線で開催されたが、今回の受賞車両が東京地区（東京貨物ターミナル）と大阪地区（安治川口）とを専用で結ぶコンテナ貨物電車であることから、記念押印は東京を代表する「東京中央郵便局」で行うこととした。押印用の台切手には、東京（江戸）に因んで「江戸開府400年シリーズ切手（第１集）」（2003年５月発行）の「江戸城屏風」と、大阪を因んで「大阪府ふるさと切手（第３回アジア太平洋地域ジャンボリー）」（2002年７月発行）を使用した。

〔風景印の絵柄は、2000年700系Ｌ賞に同じ〕

ＪＲ各社の線路を使用して全国１社体制で貨物輸送を担当するＪＲ貨物会社の貨車が初めてブルーリボン賞に選ばれた。“M250系”コンテナ電車がそれである。ＪＲの経営改革によって貨物輸送も旧国鉄時代の中心であった１車毎の（貸切）車扱輸送を廃止、コンテナ輸送と一部地域の資源（石灰石等）輸送に特化して再出発した。貨物輸送は昼間に駅に集荷して、主に夜間に鉄道で拠点駅間の直行輸送を行い、早朝到着後、駅から配送するという形をとることが多い。特に貨物の集中する東京～大阪間等では、この両都市間深夜輸送の到達時間の早遅が営業面での競争力を決めるといっても過言ではない。M250系は従来の機関車牽引の貨物列車から脱皮して貨物輸送では初めての電車列車とし、東京～大阪間の貨物の集中する区間でより高速輸送サービスを提供するべく開発された。編成は４両（両端２両運転台と機器室装備）の電動車と12両の付随車からなる16両編成で、電動車は１個、付随車は２個の大型31フィートコンテナが積載可能である。（全列車では28個）東京貨物ターミナル～安治川口（大阪）間を最高速度130km/h（旧電車特急より高速）で走行、６時間11分の到達時分で深夜集荷・早朝配送に便利な列車となった。このため主として宅配便荷物をまとめての輸送に利用されており、一部は東京～大阪間で従来のトラック輸送から転換するなど、省エネルギー輸送も実現した。

同列（電）車で、世界でも初めての「動力分散方式の貨物列車」であるという発想の転換が実現したこと、また「省エネルギー効果」「道路の輻輳緩和」などに大きく貢献した点が今回の受賞の主な理由で、貨物車両では珍しく会員投票数の圧倒的多数でブルーリボン賞に選ばれた。

2005（平成17）年
九州旅客鉄道
“800系”新幹線電車

贈呈式：2005（平成17）年9月25日（日）

贈呈式は鹿児島中央駅「桜島口（東口）」のアミュ広場特設ステージ（出発式は鹿児島中央駅14番線ホーム）で開催されたため、同駅に隣接する「鹿児島中央郵便局」で記念押印を行った。押印用の台切手には、慶事用切手50円「折鶴」と九州新幹線800系と桜島をデザインした「鹿児島県ふるさと切手（九州新幹線“つばめ”と桜島）」(2004年３月発行)を使用した。風景印の絵柄は、「城山から望む市街と桜島に、西郷隆盛像」を描いたもの。

九州新幹線（鹿児島ルート）完成に合わせてＪＲ九州初の新幹線車両として800系が登場した。鹿児島ルートは35‰という急勾配があるため、車両側での対策としてすべての車両を電動車（付随車の連結なし）とすることとなった。

車体や機構の諸元は、すでに実績を持つ東海道・山陽新幹線の700系をベースとした設計となっている。山陽新幹線への乗り入れを考慮したためである。その中で極力、九州新幹線としての特色を盛り込むべく、先頭部の形などを独特のデザインとした。

車内は、木材の柔らかい感覚が味わえるような材質に配慮（不燃構造とする必要から木質系の材料を使用）しているほか、極力九州産の材料を用いて製作した。

九州新幹線開業当初は、鹿児島中央～新八代間の短区間での折返し運転となるので、乗車時間が短いこともあってグリーン車の連結がなく、普通車でも極力くつろげる車内空間とするべく、思い切って座席は２列×２とした。したがって、普通車でもかなりゆとりのある座席配置となった。

800系の受賞は、このような「洗練されたデザイン」と「癒しの室内感覚」が高く評価されたことによる。

（注４）九州新幹線は山陽新幹線との間で直通運転を行っているが、800系車両は博多～鹿児島中央間の九州新幹線内で運行されている。

2005（平成17）年
長崎電気軌道
“3000形”電車

贈呈式：2005（平成17）年11月19日（土）

贈呈式は浦上車庫で開催されたため、同車庫から約２km南東、ＪＲ長崎駅の近くの「長崎中央郵便局」で記念押印を行った。押印用の台切手には、式典開催地長崎に因んで「長崎県ふるさと切手（旧オルト邸、旧リンガー邸及び旧グラバー邸）」（2002年３月発行）のペア貼りを使用した。風景印の絵柄は、「長崎港に浮かぶオランダ船と出島」を描いたもの。

長崎市内は、軌道敷内への自動車の乗り入れが禁止されている区間が多いため、路面電車の定時運転ができることに加えて、路面電車も観光資源のひとつとなっていることもあって、内外観光客の路面電車の利用が多い。長崎電軌は、この長崎市内11.7kmにわたる路面電車を1914（大正３）年の創業以来運行している。

今回受賞の3000形電車は、全長15.1mの３車体連接構造の超低床式路面電車である。

車体の特色の第１は、電気ばね式電動ブレーキ装置を装備し、ドア開閉や集電装置をはじめ全機器を空気（エア）作動から電気作動としたため空気圧縮機や配管の必要がなくなり、車内面積も広がり、超低床化が実現した。第２は、３車体の中間車の台車を省略、前後の車体に支えられる構造となった。このため乗降の集中する中間車のドアの超低床化が実現した、等である。

車体の外装は、エメラルドグリーンとマリンブルーのラインを引いて、基調色のベージュ調のメタリック塗装を引き立てている。車内は教会調のステンドグラス等で長崎らしさを表現したという。

このような「超低床化の実現」と「地域の特色を活かした優れた構造とデザイン」が評価され、今回のローレル賞受賞となった。

2006（平成18）年
小田急電鉄
“50000形”電車(VSE)

BLUE RIBBON 賞 ブルーリボン 鉄道友の会

贈呈式：2006（平成18）年９月10日（日）

贈呈式は同社の新宿駅１番線ホームの終端側で開催されたため、同駅近くに所在する「新宿郵便局」で記念押印を行った。押印用の台切手には、小田急ロマンカーの行き先（目的地）である小田原・箱根方面に因んで、「神奈川県ふるさと切手（小田原城）」（2000年10月発行）のペア貼りを使用した。風景印の絵柄は、「新宿副都心の高層ビル群と平和の鐘にツツジ」を描いたもの。

小田急電鉄は、その名の通り東京、新宿から小田原を結ぶ小田原線を中心に、江ノ島線（相模大野～片瀬江ノ島間）、多摩線（新百合ヶ丘～唐木田間）、計約120kmの路線を持つ大手民鉄である。なお、小田原からは箱根登山鉄道線に乗り入れ、箱根湯本まで直通する。また、代々木上原からは東京地下鉄千代田線と相互直通を行う。国際観光地箱根、江ノ島方面と直結するので、観光輸送を重視、戦後早くも1948（昭和23）年に新宿～小田原間に週末の観光特急（所要時間100分）を運行した。1950（昭和25）年箱根湯本乗り入れ以降、特急専用車両の逐次投入と増発が進み、転換（回転）クロスシートを持つ小田急「ロマンスカー」の名は、同社の目玉商品として広く親しまれるに至った。50000形（VSE）は、1957（昭和32）年登場の連接構造のＳＥ車（注17）から数えて７代目となる。

車体は、先代のロマンスカーからの連接車の伝統を引き継ぎ、10両固定編成の連接電車となった。設計コンセプトは「快適性の追求」である。構体にダブルスキン構造（注15）を採用、外装は白を基調とし、赤線を窓下に入れた。先頭形状は、高速走行を念頭に、高位置運転台、空気ばね車体支持方式を導入、車体傾斜装置、台車操舵制御（注14）の採用等々、連接車の構造を活かす様々な取組みがみられる。

車内は、快適性を求め、４ｍ幅の広窓、窓側に５度傾けて展望性を重視した座席が並ぶ。小田急独特の先頭展望席も復活した。また、編成内にコンパートメントやカフェ、そしてこれも小田急名物であった喫茶サービスも復活している。

「様々な新技術が快適な高速列車開発のためバランスよく導入された」ことが受賞理由となった。

2006（平成18）年
広島電気鉄道
“5100形”電車（グリーンムーバーマックス）

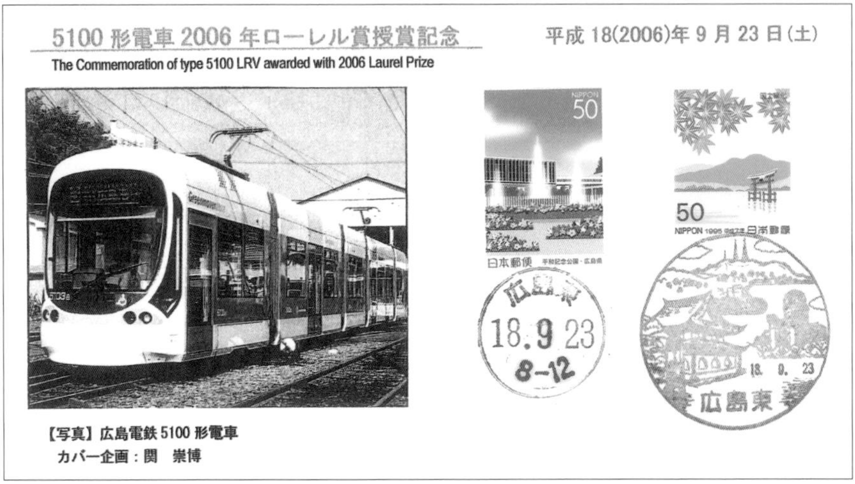

贈呈式：2006（平成18）年9月23日（土）祝日

贈呈式は千田車庫にて行われたため、同車庫に近い「広島東郵便局」で記念押印を行った。押印用の台切手には、地元広島に因んで、「広島県ふるさと切手（平和記念資料館）」（2005年４月発行）と広島県開催の国土緑化行事を記念した“モミジと安芸の宮島”をデザインした「国土緑化」（1995年５月発行）の記念切手を使用した。風景印の絵柄は、「国宝の不動院金堂と比治山と原爆ドーム」を描いたもの。この広島東郵便局での記念押印において、従来の金属製の日付印（黒活印）に代わって「インク浸透式日付印」がＢ賞・Ｌ賞贈呈式記念カバー作成において初めて使用される事例となった。（以降、全国的に採用事例が増えてゆくことになる。）

広島電鉄は、広島市内に広島駅前～西広島間の本線を中心に皆実《みなみ》、白島《はくしま》、宇品、横川、江波《えば》の各線、それに西広島～広電宮島間の宮島線、計７線35kmを運行する。宮島線以外は軌道法による路面電車であるが、広島駅前から市内線経由で（広電）西広島から宮島線に乗り入れ、広電宮島まで直通運転を行っている。

道路幅が広く軌道敷内への自動車乗り入れが規制されていることもあって、定時運行ができるため利用状況は好調で、観光客、市民の足として活躍中である。

車体は、環境との調和を考えたデザインとされる、曲面ガラスの前頭部が特色で、円滑な乗降と、いわゆるバリアフリーを考慮した構造である。独立車輪式超低床連接車（**注18**）で、緑と白の塗色から「グリーンムーバーマックス」の愛称がある。

三菱重工、近畿車両、東京電気工業の３社と広島電鉄が超低床エルアールブイ技術組合の研究成果を活かして共同開発した。国産初の独立車輪式超低床連接車がこのように多くの技術関係者による入念な共同作業を要したことは超低床路面電車の開発の難しさを物語るものといえよう。

車内は、欧米に範をとりつつも日本の実情に適するよう様々な工夫が随所にみられる。車内通路幅の拡幅、座席数の増加、車内照度の向上、運賃収受方式への対応等がそれである。また、座席の生地に紅葉を表現するなど、広島ならではのデザインもみられる。

国産初の独立車輪式超低床車を日本の「実情に適合した車内」等に配慮しつつ、欧米の超低床車に劣らない「完成度の高さ」で実現したことが評価され受賞理由となった。

2006（平成18）年
福岡市交通局
“3000系”電車

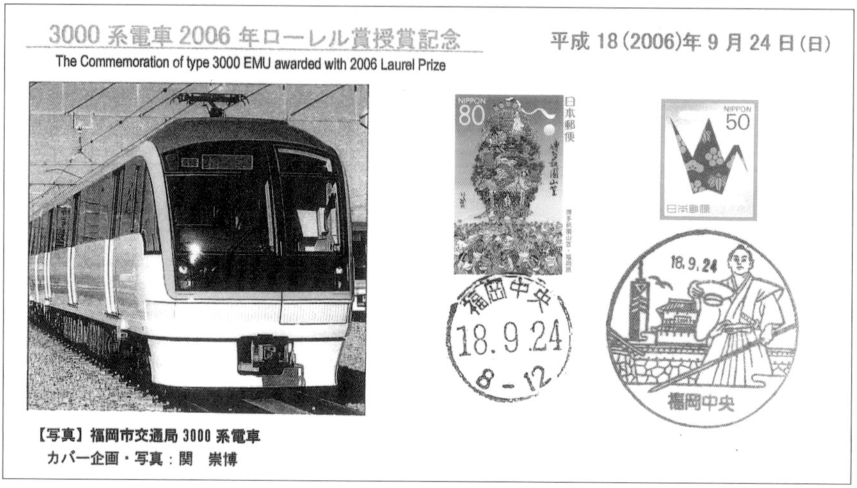

贈呈式：2006（平成18）年９月24日（日）

贈呈式は同局の橋本車両基地の構内で開催されたが、同基地の近くに休日開局する押印可能な郵便局がないため、市内の「福岡中央郵便局」にて記念押印を行った。押印用の台切手には、地元福岡に因んだ切手としての「福岡県ふるさと切手（博多祇園山笠）」（1999年７月発行）と慶事用切手50円「折鶴」を使用した。風景印の絵柄は、「民謡黒田節に因む武士と福岡タワー及び福岡城址」を描いたもの。

福岡市交通局は、福岡市内の地下鉄３路線を経営する公営企業である。即ち１号線（空港線）福岡空港～姪浜間、２号線（箱崎線）貝塚～中洲川端間、３号線（七隈線）天神南～橋本間、計26.5kmである。なお２号線は１号線姪浜方面と直通する。また、１号線は姪浜からＪＲ九州筑肥線と相互直通、福岡近郊輸送と空港アクセス線の使命を併せ持っている。3000系はこれらの各線と天神で連絡する３号線用のリニア駆動方式採用の車両である。

車体は、地下鉄といえば地下であることから、これまで車体のデザインにあまり留意されない例が多かったが、3000系は、このような姿から脱皮して車体のデザインにもこだわり、明るい魅力ある地下鉄をめざしたという。先頭形状は大型窓の流線形であり、塗装も白と緑の明るい塗り分けである。

車内は、小型地下鉄（全長16m、車幅2.49m）だが、圧迫感をなくすデザイン面からの工夫がみられる。即ち、木質状の柔らかい感触や貫通路の大きいガラス採用による、編成内の見通しをよくしたことなどがそれである。また、車内の騒音防止にも対策を施していることもその特徴といえよう。

このような点から、単なる移動手段としての地下鉄から都市の魅力ある乗り物としての地下鉄への脱皮をめざし、24分間の短い乗車時間を明るく楽しい空間として提供することに努力したとしている。

「地下鉄に対する既存のイメージを変えるトータルデザイン」が受賞理由とされると同時に、今後開発される地下鉄車両に、この車両のように「デザイン面での配慮を期待」しての受賞でもあった。

2006（平成18）年
愛知高速交通
“100形”磁気浮上車（リニモ）

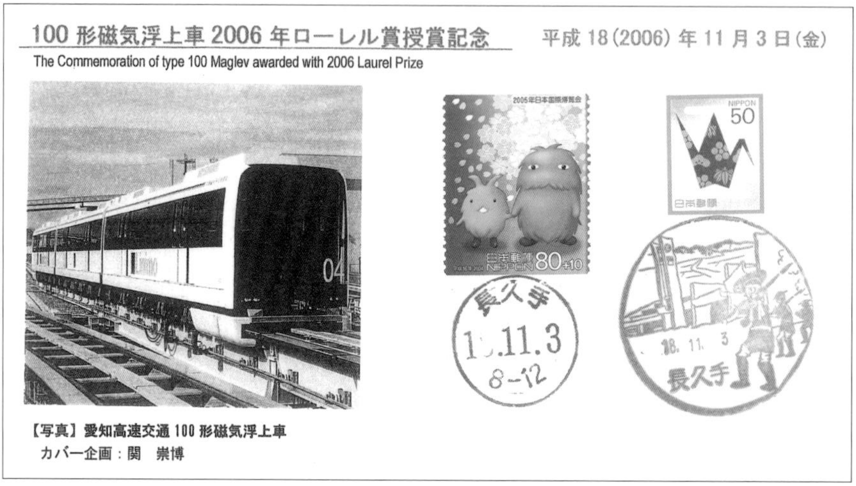

【写真】愛知高速交通 100 形磁気浮上車
カバー企画：関　崇博

贈呈式：2006（平成18）年11月3日（金）祝日

贈呈式は愛知高速交通「陶器資料館南」の南側に所在する本社・車両基地（長久手市茨ヶ廻間）で開催されたため、この基地の近くの「長久手郵便局」で記念押印を行った。押印用の台切手には、同高速交通（愛称；リニモ）が「2005年日本国際博覧会（愛称；愛･地球博、通称；愛知万博）」開催を契機に建設されたことから、同博覧会開催の寄附金付記念切手「2005年日本国際博覧会」（2004年３月発行）の「マスコットキャラクター“モリゾーとキッコロ”と桜」と慶事用切手50円「折鶴」を使用した。この長久手郵便局での押印の日付印は「インク浸透式」が使用された。風景印の絵柄は、「愛知県青少年公園の建物と警固祭りの鉄砲隊を描き、背景に史跡の長久手古戦場」を描いたもの。なお本風景印の絵柄は、「リニモ」を描く新デザインに変更されたため、2010年６月１日で廃止された。

愛知高速交通は、2005（平成17）年愛知県東部丘陵一帯（長久手市、豊田市、瀬戸市）で開催された"愛・地球博"（万国博覧会、通称、愛知万博）のアクセス整備が動機となって発足した第３セクター鉄道である。日本初の本格的常電導磁気浮上式鉄道で、名古屋市営地下鉄藤ヶ丘から愛・地球博記念公園を経由、愛知環状鉄道八《や》草《ぐさ》までを結ぶ8.9kmの路線を持つ、いわゆるリニア鉄道である。

常電導とは、超電導方式と区別して用いられる用語で、浮上式鉄道の応用原理を示している。常電導方式は車載の電磁石によってコイルとの電磁誘導現象で浮上する。このためミリ単位の浮上にとどまるので、高速運行には適さない。しかし、建設・運営経費も比較的少なく、都市近郊の近距離輸送には騒音が出ない等のメリットがあるため実用化が検討されてきた。科学技術の粋を世に問う万国博の展示物のひとつとしての意味もあることから開会に間に合わせて開業したものである。

リニア（浮上式）のため、低騒音、低振動と環境への影響が少ないうえ、高加速で急勾配にも対応できるという在来鉄道にはない特性を持つ。

車体は、軽量化のためアルミ合金製、白を基調とした青の帯の外装、正面と側面にはそれぞれ大型ガラス、前面は黒色でまとめている。

車内は軽量構造、ボックスシート、運転台もあり、乗務員も乗務するが完全自動運転で、原則として運転操作は行わない。現在、日中８分間隔の高頻度で、沿線住民の日常の足となっている。

「常電導リニア導入」、それによる「環境にやさしく、高加速、勾配に強い車両」という特性への評価が受賞理由となった。

2006（平成18）年
名古屋鉄道
“2000系”電車（ミュースカイ）

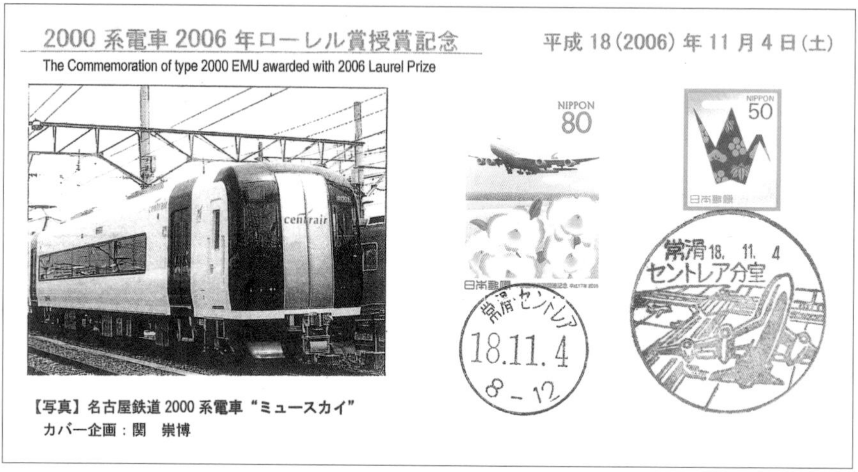

贈呈式：2006（平成18）年11月4日（土）

贈呈式は中部国際空港に併設された中部国際空港駅１番線ホームで開催されたため、同空港内に設置された「常滑郵便局セントレア分室」で記念押印を行った。押印用の台切手には、そのものズバリの「中部国際空港開港記念」（2005年２月発行）の切手と慶事用切手50円「折鶴」を使用した。風景印は、「空港全景を背景に飛び立つ旅客機」を描いたもの。なお本風景印の絵柄は、2010年４月16日より一部デザインが変更（絵柄はほとんど変更なし）された。

名古屋鉄道は、愛知、岐阜両県下に500kmに及ぶ稠密な路線網を持つが、異色の海上新線を含む空港線約４kmが常滑線延長のかたちで中部国際空港開港とともに2005（平成17）年開通した。空港の鉄道アクセスを一手に担うべく開通とともに常滑線経由で岐阜・名古屋方面から直通列車を運行、特に「ミュースカイ」の名で運行される快速特急用車両（座席指定制）として開発されたのが2000系であった。

車体は、赤一色の従来の名鉄色から脱皮、「空の青さ、雲の白さ、海の透明感」を象徴する白、青を基調とする、新しい塗装となった。前面は、透明ポリカーボネート樹脂で覆われた独特の形態となり、白塗装の貫通扉とそこに描かれたcentrair（セントレア、空港の愛称名）の文字がアクセントとなっている。

なお、カーブの通過速度を上げるために車体傾斜装置も導入している。

車内は、空港アクセスを考慮して設計されたが、荷棚に埋め込まれたLEDライトが駅に近付くと点滅するなどの新しい工夫もある。

列車増発とこの車両投入等による高速運転を実現するため、常滑線全線にわたる大改良が実施された。曲線改良、軌道・架線の強化が行われたほか、常滑付近から空港連絡橋にかけての高架化工事も実施した。その結果、名古屋～中部国際空港間最速28分と、30分を切ることができた。現在、2000系車両が空港鉄道アクセスの中心的役割を果たしている。

10編成が投入され、既設の路線網を活かし主に岐阜～名古屋方面への（臨時は豊橋からも）直通運転の快速特急に充当された。「速達性」「外観デザイン」「利便性」を併せ持った車両という点が受賞理由であった。

2007（平成19）年
富山ライトレール
“0600形”電車（ポートラム）

贈呈式：2007（平成19）年10月6日（土）

贈呈式は、ＪＲ富山駅北口広場に設けられた「富山駅北」電停にて開催されたため、同電停近く、富山駅南側に位置する「富山中央郵便局」で記念押印を行った。押印用の台切手には、地元富山に因み「富山県ふるさと切手（チューリップ）」（2000年４月発行）と同じく「富山県ふるさと切手（立山連峰とチューリップ畑）」（2000年４月発行）を使用した。風景印の絵柄は、「立山連峰背景の富山城とツバキ」を描いたもの。ところで、このインク浸透式日付印の年を示す19に下線が付いている。これは2007年10月の郵政民営化により「日本郵政㈱」が誕生、その中に窓口業務の「郵便局会社」と集配業務の「郵便事業会社」が設けられ、その消印の区別のため郵便局会社の日付印の年に下線が表示された。しかし、郵便局会社が郵便事業会社を吸収合併する形で2012年10月「日本郵便㈱」が誕生し、この下線表示は廃止された。

富山ライトレール社は、旧国鉄富山港線を譲り受け（富山駅から下奥井までは路面軌道を新設）、ＪＲ富山駅（北口）～岩瀬浜間、鉄軌道直通の新路線を「LRT (Light Rail Transit)」方式で運行する富山市等が出資する第３セクター鉄道である。0600形はLRTにふさわしい「LRV（軽快車両、Light Rail Vehicle)」として新潟トランシス社製の超低床連接車を基本に、旧富山港線区間では最高速度60km/hの走行にも対応できるよう細部の改良を行ったうえで登場したものである。

車体は、沿線の景観等も含めてトータルとしての“総合的な”デザインの美しさが反映できるよう、新雪を念頭においたスノーホワイトを基調色とした。そして、アクセントの色を編成ごとに変えているのが珍しい。（例えば黄、緑等）

車内は、出入口にカードリーダーを設置するほか、当時の最新超低床電車（通路幅、座席配置等）にふさわしい明るいものとなった。デザインと機能両面を活かして公共交通を中心に新しい“まちづくり”を進めるという意図を明確に表現する車両で、「ポートラム」の愛称がある。

ポートラムは衰退の方向にある地方の公共交通機関の復権に向けて一石を投じることとなった。これに刺激されて各地で同様の計画が進み始めた。岡山市、宇都宮市等がすでに計画の決定にまで進んでいる。富山ライトレールにも各地からの見学者が相次いだという。今後、北陸線高架化の完成に伴い富山駅北側から南側（都心方向）に抜ける新線が予定されている。そしてすでに富山駅高架下への乗り入れを果たした富山地方鉄道の富山市内線と結んで富山都心部への直通も計画中である。

「軌鉄直通を新技術導入の軽量低床連接車で実現、都市交通のあり方に一石を投じた」ことが受賞理由となった。

（注５）富山ライトレール㈱は、2020年２月、富山地方鉄道㈱と合併した。

2007（平成19）年
西日本鉄道
“3000形”電車

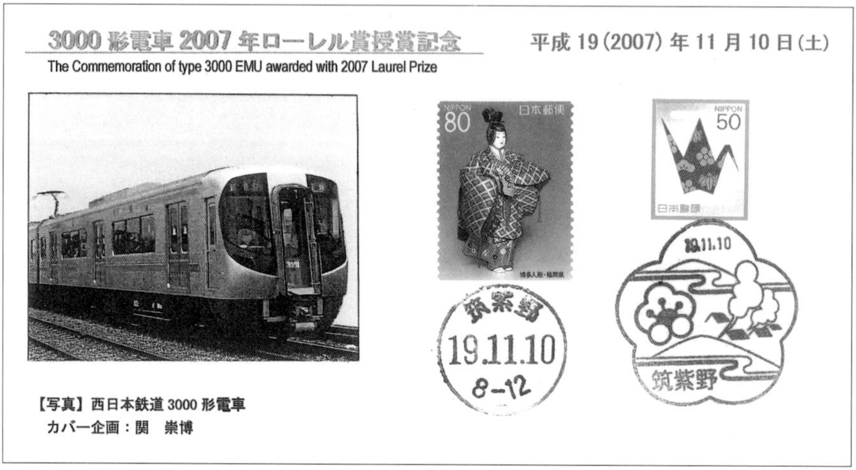

贈呈式：2007（平成19）年11月10日（土）

贈呈式は同社天神大牟田線筑紫駅近くの筑紫工場で開催されたため、同工場から近傍の「筑紫野郵便局」（最寄駅は紫駅、ＪＲでは二日市駅）で記念押印を行った。押印用の台切手には、地元福岡に因んだ「福岡県ふるさと切手（博多人形）」(2000年８月発行）と慶事用切手50円「折鶴」を使用した。風景印の絵柄は、「ウメの花の外枠に、天拝山を背景に大宰府の梅と二日市温泉」を描いたもの。この押印での日付印には「インク浸透式」が使用され、徐々に全国にインク浸透式日付印が普及してきたのを実感した。

西日本鉄道（西鉄）は、福岡市を中心に路線を展開、福岡〜大牟田間の大牟田線をはじめ太宰府《だざいふ》、甘木、貝塚の各線、計115km余の路線を持つ。かつては福岡市内の路面電車、バスも一手に引き受けていた、九州唯一の大手民鉄である。

車体は、従来の西鉄のカラーを破った外装塗色等がまず目を引く。先頭形状も曲線基調でやや傾斜した流線形となった。また、車体の帯もブルーとオレンジを配色したものとなり、これも従来の西鉄にない色調である。ステンレス車体を採用しているが、この組み立てに際し日本の車両としては初のレーザー溶接（**注19**）を取り入れていることが注目される。

車内は、通勤列車にも用いる一般車両であるにもかかわらず転換クロスシートを装備（一部ロングシート）し、これも3000形の好評につながっている。また車幅を54mm広げたため客室面積が増えゆとりある車内が提供できたことも、この車両の大きい特徴といえよう。

この車両は、主として大牟田線の通勤急行に使われているが、通勤電車として転換クロスを常用する高度な車内サービスに踏み切ったことにより、ＪＲ九州の車両とともに九州地域の通勤列車も転換クロス車のウエイトが高まり、全体として一段のグレードアップが実現したことになる。なお、この車両は２両編成、３両編成があるが、連結・解結して使用される。短編成時の故障対策として機器配置を見直し、新たに高性能の機器も開発・充当し、機器配置の適正化、機器の搭載数を抑えるなどの対策に万全を期した。

車体組立への「レーザー溶接の初採用」、通勤用車両としての「高度な客室サービス」、短編成用としての「適切な機器配置」の諸点が受賞理由となった。

2009（平成21）年
小田急電鉄
“60000形”電車

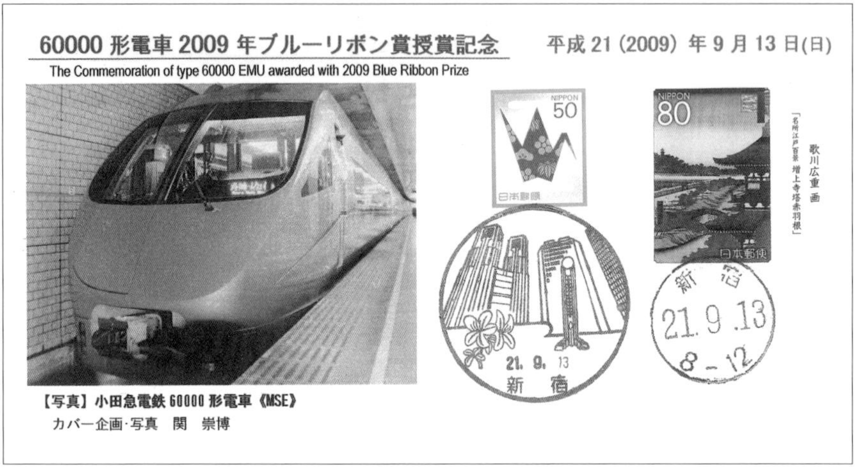

贈呈式：2009（平成21）年9月13日（日）

贈呈式は同社の新宿駅１番線ホームの終端側で行われたため、同駅の近くの「新宿郵便局」で記念押印を行った。使用した台切手は、慶事用切手「折鶴」50円と贈呈式が東京（旧；江戸）の副都心（新宿）で開催されたことに因んで「江戸名所と粋の浮世絵シリーズ切手（第３集）」（2009年８月発行）の中から「名所江戸百景 増上寺塔赤羽橋」を選んで使用した。

〔風景印の絵柄は、2006年50000形Ｂ賞に同じ〕

1948（昭和23）年からの70年に及ぶ、長い歴史を持つ小田急（箱根）特急、その特急専用車の座席配置に因んで名づけられた「ロマンスカー」の伝統を、1957（昭和32）年のいわゆるＳＥ車から数えても７代にわたる「ロマンスカー」が受け継いできた。８代目の60000形は、その中でも一つの時期を画する車両となった。即ち初の地下鉄にも乗り入れ可能な、汎用特急車となったからである。小田急は、地下鉄（東京メトロ）千代田線と相互直通運転をしている、代々木上原から都心を通って北千住方面、さらに常磐線への乗り入れがそれである。都心では観光客、ビジネス客、通勤通学客の利用が集中しており、これらの人々をロマンスカーの新しい顧客にも加えるべく60000形は計画された。

地下鉄への乗り入れについては、安全上いくつかの対策条件の具備が求められている。進行方向への避難通路の確保、即ち、前面非常扉の設置、非常時に他編成を連結して勾配区間で起動できることなどがそれである。

車体では、非常扉を前面に用意することとなり、ロマンスカー伝統の流線形の形を変えず、前面のプラグ（吊り）ドア方式を採用して対応した。また、後者については、電動車比率を高めることと、モーターの出力向上で解決した。

車内は、座席が前席がリクライニング状態のままでも回転できるようになった。また、収納テーブルも収納しないでも座席回転可能とした。これによって折り返し時の作業軽減が可能となった。折り返し時間の制約、即ち地下鉄線乗り入れ車ならではの工夫といえよう。同車は昼間時、北千住からの箱根直通特急に充当するほか、朝夕ラッシュ時に、朝は「メトロモーニングウェイ」とし、本厚木～北千住間、夜は「メトロホームウェイ」として北千住、または霞ヶ関から本厚木まで座席指定特急として運行、通勤時の着席サービスを実現した。ブルーにオレンジ帯の流線形外装の60000形、このような「ロマンスカーの伝統を守りつつ、新しい多目的な需要に応える車両」とした点が受賞理由となった。

2009（平成21）年
豊橋鉄道
“T1000形”電車（ほっトラム）

贈呈式：2009（平成21）年10月25日（日）

贈呈式は同社市内線の駅前停留所（豊橋駅前）にて開催されたため、この式典会場に近い「豊橋郵便局」で記念押印を行った。押印用の台切手には、2007年の郵便事業株式会社発足に際して発行された普通切手50円「オシドリ」と式典開催地の豊橋に近い新城市の観光名所「鳳来寺山」に因む「愛知県ふるさと切手（コノハズクと鳳来寺山）」（1992年10月発行）を使用した。風景印の絵柄は、「路面電車（市内線のモ3700形と推測）、吉田神社の手筒花火及び“路面電車の走る街”の記述」が描かれており、記念カバーに最適との印象を強く感じた思い出がある。

豊橋鉄道は、愛知県のＪＲ豊橋駅南側に隣接の新豊橋駅を起点とし、渥美半島の三河田原までの渥美線18kmの鉄道線と豊橋市内豊橋駅前〜赤岩口間と井原〜運動公園間の軌道（路面電車）の東田《あずまだ》線5.4km、計23.4kmの路線を持つ。Ｔ1000形は、軌道線用車両として登場した。これまでも連接式低床路面電車はバリアフリーへの要請から既に各都市で採用されていたが、Ｔ1000形は台車部分を含む全面低床化を狭軌線の連接電車で実現した国産初の車両となった。

車体は、３車体連接だが、中間車（Ｃ車）は前後の車体（Ａ、Ｂ車）に支えられたフローティング構造になっており、車輪はない。

車内は、整備基準等から通路幅800mm以上が必要となるため、広（標準）軌車両では低床車の場合、これまで左右独立車輪方式で対応してきた。しかし狭軌の場合、この方式が取りにくいため、Ｔ1000形では主電動機を運転台下に移し、自在接手（ユニバーサルジョイント）を台車枠の外側に設けて駆動する方式をとった。このため車両床面の高さを480mmに下げても820mmの通路幅となった。

このような多くの特殊技術を採用したが、すべて国産部品で実現したことも、Ｔ1000形が嚆矢となった。

豊橋鉄道では、国土交通省LRT（新交通システム）総合整備事業を受けて路面電車の利便性を高め、新しい街づくりの象徴とするため市に推進協議会も設け、広く地域関係者の総意を結集して、この車両を導入したという。「ほっトラム」の愛称も「中心市街地活性化」「環境にやさしい生活の推進」を願って命名された。また、この２点が今回の受賞理由ともなっている。

2009（平成21）年
京阪電気鉄道
“3000系”電車

3000系電車2009年ローレル賞授賞記念

平成21（2009）年11月14日(土)

The Commemoration of type 3000 EMU awarded with 2009 Laurel Prize

【写真】京阪電気鉄道 3000 系電車
カバー企画：関　崇博

贈呈式：2009（平成21）年11月14日（土）

贈呈式は大阪のビジネスの中心地である中之島駅３番線ホームで開催されたため、大阪を代表する郵便局の「大阪中央郵便局」を選抜して記念押印を行った。押印用の台切手には、2007年の郵便事業株式会社発足に際して発行された普通切手50円「オシドリ」と地元大阪に因んだ「大阪府ふるさと切手（文楽と中之島公会堂）」(1989年10月発行）を使用した。

〔風景印の絵柄は、1995年50000系Ｂ賞に同じ〕

京阪電鉄は、京阪本線（大阪淀屋橋～京都三条間、46.1km）を中心に、中之島、交野《かたの》、宇治、鴨東《おうとう》、京津《けいしん》、石山坂本の各線と男山鋼索線（ケーブルカー）、計約90kmの路線を持つ。京阪本線の両端駅の三条、淀屋橋・中之島は地下駅となる。三条で鴨東線と、途中天満橋で中之島線と接続し、それぞれを直通している。京津、石山坂本両線は大津市内に路面区間があるため、三井寺下以東の大半が軌道法による路線であるが、御陵から京都市営地下鉄へ乗り入れ直通運転する。したがって、在籍車両も多岐にわたっている。

3000系は「快適な車内の演出」に重点をおき、中之島線開業を機に京阪の「イメージリーダーとしての使命」を持って登場した。京阪本線の通勤通学列車への充当はもちろん、快速急行の中心車両に充当される等、観光客の利用も念頭におく多目的車両である。

車体は、３扉車であるが、沿線の景観と融合した「現代の風流」をコンセプトとしたデザインで、「月を主なモチーフとしている」という。「淀川の水、京都の伝統をイメージ」した濃紺と白の外装、木目調の扉が目立つ。

車内は、３扉の扉間転換クロスシート、車端ロングシートとし、通勤輸送にも観光客にも対応可能とした。座席生地には、鉄道車両としては初めてのマイクロファイバー素材を用い、柔らかい感触のものとなった。全般に標準素材や機器を採用してコストダウンを図る傾向の中、京阪電鉄は立地条件、通勤輸送、観光輸送の乗客ニーズを反映させた明確な設計理念を定め、それをこの車両に結集したといえよう。そのような「明確なコンセプトに基づく車内、外装の新しいデザイン、客室設備の高機能化」が受賞理由となった。

2010（平成22）年
東日本旅客鉄道
“E259系”電車（N'EX）

E259系電車2010年ブルーリボン賞授賞記念　　平成22（2010）年11月16日（火）

The Commemoration of type E259 EMU awarded with 2010 Blue Ribbon Prize

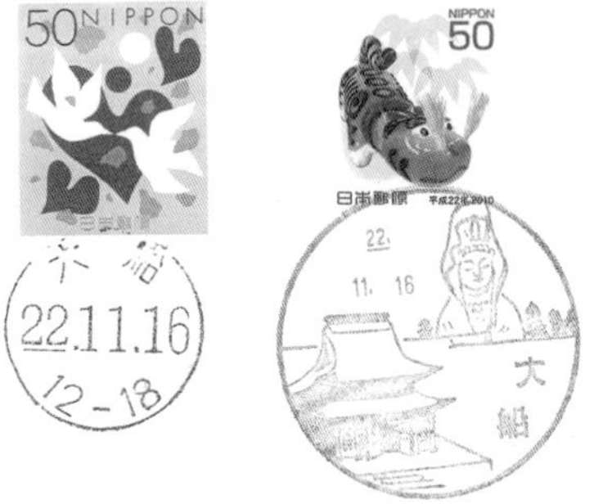

【写真】東日本旅客鉄道E259系電車「N'EX」
企画・写真：関　崇博

贈呈式：2010（平成22）年11月16日（火）

贈呈式はE259系が配置される車両基地に隣接し、同車両を使用する列車“成田エクスプレス”の発着駅でもある東海道線大船駅5・6番線ホームで開催されたため、同駅に程近い「大船郵便局」で記念押印を行った。押印用の台切手には、慶事用切手50円「ハート」と当該年2010年の年賀切手50円「静岡張子・首振りの虎」（2009年11月発行）を使用した。風景印の絵柄は、「円覚寺舎利殿と大船観音像」を描いたもの。

ＪＲ東日本は、新東京国際空港（2004年４月１日から成田国際空港に名称変更）へのアクセス鉄道完成時から京成電鉄とともに空港へのアクセス列車の運行を開始した。都内側の起点が既存のネットワークを活用して東京、池袋、新宿、さらには横浜、大船等、多数に及ぶことから幅広い集客につながり、逐次運行系統、車両、便数等を増強、増発してきた。国際空港アクセス列車は、外国人が最初に接する日本の鉄道となるため鉄道の、ひいては日本のイメージ、特に第一印象を左右する重要な、いわば日本の顔としての役割を果たす。ＪＲでもこの点を意識し、安全輸送に徹するとともに最新技術導入による高性能車、しかもサービスの行き届いた客室設備、さらには車両内外の意匠デザインに至る努力の結晶ともいうべき車両（N'EX）を充当してきた。Ｅ259系は先行の253系の後継車として上記の背景のもとに登場した。

車体は、253系と同じく赤、白、黒を基調色としつつ先頭部からの形状を全面窓まで覆う縦の黒帯（N'EXのロゴを含む）でまとめ、装いを新たにした。機能面では、フルアクティブ動揺防止装置（**注20**）を先頭車に搭載したほか、車体間に揺れ防止ダンパを付した。また主要機器、伝送経路は二重系化して安全輸送を期している。

車内は、お年寄り、身障者のための、いわゆるユニバーサルデザインを徹底させている。特に携帯荷物取扱いについて留意し、客室内荷物棚取付高さを低くしたり、座席下にも250mmの空間をとり、荷物を置けるようにし、暖房吹出し口を窓下に移している。室内通路天井に幅広い液晶画面の情報表示器を複数個所に設け、４カ国語で情報提供するほか、全席にコンセントを備え、無線LAN利用も可能とした。

空港アクセス特急特有の乗客ニーズに「きめ細かく対応した快適な車内サービス」を幅広く提供した点が受賞理由となった。

2010（平成22）年
近畿日本鉄道
“22600系”電車

22600 系電車 2010 年ローレル賞授賞記念

The Commemoration of type 22600 EMU awarded with 2010 Laurel Prize

平成 22 (2010) 年 11 月 13 日 (土)

【写真】近畿日本鉄道 22600 系電車
カバー企画：関　崇博

贈呈式：2010（平成22）年11月13日（土）

贈呈式は上本町駅コンコース（発車式はホーム８・９番線間）で開催されたため、同駅の近傍の「天王寺郵便局」で記念押印を行った。押印用の台切手には、慶事用切手50円「ハート」と当該年2010年の年賀切手50円「静岡張子・首振りの虎」（2009年11月発行）を使用した。

〔風景印の絵柄は、2003年21020系Ｂ賞に同じ〕

近畿日本鉄道は戦後間もない1948（昭和23）年から名古屋～大阪間（中川乗換え）に定員制有料特急の運行を始め、70年に及ぶ特急運行の歴史を持つ。22600系は、同社の標準軌各路線の汎用特急車として17年振りの新形式車として登場した。

車体は、近鉄の特急車の伝統色であるオレンジとブルーを基調色とした外装である。先代車の採用した３次局面の前面デザインから先頭部の高さを180mm上げ、さらに丸みを持たせ滑らかさとスピード感を強調したという。

車内は、快適性と眺望を重視し、側窓の上下幅を広げ965mmとした。背面とひじ掛け両側にテーブルを配置、モバイル用コンセントも設置している。また車内は全面禁煙とし防煙・防臭に留意した喫煙室を設ける分煙方式とした。

前面にプラグ（吊り）式貫通扉を設けたので、編成間の通り抜けが可能となるほか、地下線走行時の非常口ともなる。（2、4両編成を基本とし、他車種との併結ができる）

22600系は、標準軌区間ならばどの路線でも運用可能な汎用性を持つことが特徴で、実際、標準軌の全路線の運用に入っており、路線間のサービス水準の較差を縮小、もしくは解消した。

「全ての特急利用客に快適な移動区間を等しく提供する」という特急サービスの新たなスタンダード（標準）を確立したという点が受賞理由となった。

（注６）近鉄標準軌（1435mm）特急運行路線は大阪、山田、鳥羽、志摩、名古屋、奈良、京都、橿原、湯の山（臨時運行のみ）の各線、狭軌（1067mm）の特急運行路線は南大阪、吉野の各線である。

2011（平成23）年
京成電鉄
“AE形”電車

AE1形電車 2011 年ブルーリボン賞授賞記念　　平成 23（2011）年 11 月 6 日（日）

The Commemoration of type AE1 EMU awarded with 2011 Blue Ribbon Prize

京成電鉄 AE1 形電車「スカイライナー」
カバー企画・写真：関　崇博

贈呈式：2011（平成23）年11月6日（日）

贈呈式は京成上野駅コンコース（発車式は２番線ホーム）で開催されたため、同駅から程近い「上野郵便局」で記念押印を行った。押印用の台切手には、この車両が“スカイライナー”として成田空港への旅客輸送に使用されることから、成田空港に関係する記念切手「新東京国際空港開業記念」*)（1978年５月発行）と当該年2011年の年賀切手50円「西会津張り子・首振り招福卯」（2010年11月発行）を使用した。なお日付印には「インク浸透式」が使用された。風景印の絵柄は、2000年Ｅ26系Ｂ賞と類似の「パンダと西郷像に桜と寛永寺」を配した構成だが、外枠が提灯形から円形に変更されている。

*) 開港時は「新東京国際空港」と称していたが、空港業務に関する関連法令の改定で2004年4月1日より「成田国際空港」となり現在に至っている。

京成電鉄は、その名のように京成上野～成田空港間の本線に東成田、金町、押上、千葉、千原の各線、約100kmの路線を持つ大手民鉄である。国主導のプロジェクトによって建設された空港連絡鉄道線を経由する成田スカイアクセス線（京成高砂～成田空港間）も本線と合わせ京成電鉄が運行を担当している。特に、スカイアクセス新線区間は踏切がないため在来型鉄道最高の160km/h運転が許容されるので、運行を担当する京成電鉄がスカイアクセス線経由の高速運転を進めるため開発したのがこのＡＥ形である。

車体デザインは、山本寛斎氏が手掛けた。高速を象徴する鋭角の流線形車体を車端全面のブルーで、車体基調色の白を引き立てている。

車内は、天井をドーム状として開放感を演出した。座席の幅の間隔を広げ、ゆとりを持たせた。テーブルにはパソコンが使用できる幅があり、座席ごとに電源を備え、車内でのビジネスも可能とするなど、空港アクセス特急の乗客ニーズに対応した。

走行機能では、スカイアクセス線内での160km/h運転に対応するため、主電動機の出力アップを図った。また、ブレーキ力の確保と高速運転時の横揺れの抑制のため油圧キャリパー式ディスクブレーキ（**注21**）の採用と、先頭台車にフルアクティブサスペンション（**注20**）の採用で解決している。

ＡＥ形は、スカイアクセス線内160km/h運転によって日暮里～空港第２ビル間、それまでの所要51分を短縮して40分を切り、36分で結んでいる。

高速運転で都心・空港間の「距離的ハンディを克服」して「海外主要空港と遜色ない時間距離での連絡」が実現できたことが、この車両の受賞につながった。

2011（平成23）年
東京地下鉄
“16000系”電車

LAUREL PRIZE
ローレル賞
鉄道友の会

贈呈式：2011（平成23）年10月29日（土）

贈呈式は地下鉄千代田線の綾瀬検車区で行われたため、式典会場に近い「足立郵便局」で記念押印を行った。押印用の台切手には、地下鉄に因んだ「地下鉄50年記念」(1977年12月発行）の中の「創業当時の車両（東京地下鉄道1000形)」の切手と当該年2011年の年賀切手50円「西会津張り子・首振り招福卯」(2010年11月発行）を使用した。なお記念押印の日付印には「インク浸透式」が使用された。風景印の絵柄は、「千住大橋、奥の細道矢立切の碑と漆喰彫刻」を描いたもの。

東京メトロは、都内の各主要路線で他の会社線と相互直通運転を行っている。そのうち千代田線（代々木上原〜北千住）では代々木上原で小田急線と、また北千住ではＪＲ常磐線と相互直通を行うので、線内では３社の車両が走っている。16000系は、東京メトロがこの千代田線用として開発したものである。

車体は、従来の塗色から脱皮して、前面の緑を基調に運転台下を縁取るように白いカーブラインを入れた。また、車側も緑と白の帯を屋根下と窓下に配する、明るい色調のものとなった。走行用主電動機を1,500Ｖ直流電車では日本で初めて、従来の誘導電動機から永久磁石同期電動機（**注22**）に変えて効率向上を図ったことが大きい特徴である。この取り替えで励磁電力が不要となり、編成単位で従来車に比べ約10％の省エネ効果が生じたとされる。また、発熱量も減少するので冷却ファンが不要となり、主機を全室密閉型構造にできたので、低騒音化も実現し、さらに保守作業も簡易化された。

ブレーキ面では車両制御情報管理装置の装備で回生ブレーキ使用時に編成全体のブレーキ力の最適化への調整が可能になり、円滑なブレーキ効果が得られることになるなど、機器ごとに新技術の導入が進んでいる。

車内は、座席袖仕切りへのガラスの採用、天井部を曲線状に高くしたので、広く開放感のある車内となった。また壁面は白、座席と床は紺色の塗色も乗客に落ち着きを感じさせる車内を演出している。

「先進技術導入で省エネ社会実現に貢献する、21世紀の通勤用電車の新しいモデルを提示した」ことが受賞理由である。

2012（平成24）年
東日本旅客鉄道
“E5系” 新幹線電車

贈呈式：2012（平成24）年11月20日（火）

贈呈式は東北・上越新幹線の東京駅20・21番線ホームの終端側で行われたため、同駅丸の内南口に隣接する「東京中央郵便局」で記念押印を行った。押印用の台切手には、当時すでに販売されていた「Ｅ５系新幹線フレーム切手」の「Ｅ５系先頭部」デザインのものと慶事用切手50円「ハート」を使用した。なお使用された日付印は、「インク浸透式」が広がるなか、従来からの金属製の日付印（黒活印）が使用され満足するとともに、日本郵便㈱誕生直後に従来の郵便局会社の消印（年に下線付き）が用いられた珍しい例との思い出がある。風景印の絵柄は、2012年７月17日より使用を開始した「復元された東京駅とＪＰタワー」を描いたもの。

ＪＲ東日本は、東北新幹線の延長に伴い北海道までの長距離運行を念頭に“Ｅ５系”電車を開発した。この車両は様々の日本初の新機軸・新技術が結集された、いわゆるハイテク車両となった。

車体は、騒音防止とトンネル微気圧波（注23）軽減による環境保全のため、先頭部分が15mに及ぶロングノーズとなった。車体色も一新され、白と濃緑（常磐グリーン）の２色の間に赤い帯を巻いた。

運行距離が延びるため所要時間短縮（スピードアップ等）を重視した。即ち、300km/hを超える速度での営業運転可能な性能を持つほか、曲線通過速度向上を図り、半径4,000m（最急カーブ）の曲線でも320km/hの高速で通過できるよう、車体を最大1.5度傾斜できる装置を搭載する。

また、騒音発生源の一つである集電装置（パンタグラフ）について、パンタと架線とが接触するすり板部分の改良で、全編成中１基のみとすることに成功した。（従来は２基以上）同じく騒音発生源の台車を含め、床下全体を覆うカバーとともに機器の吸音材を取り付けている。高速時左右方向に発生する振動を低減するフルアクティブサスペンション（注20）を新たに装着したのも注目される。

車内は、青森方先頭車が初めての「グランクラス」（グリーン車の上位）となった。２＋１のゆとりある座席配置、座席のリクライニングは最大で45度、シート間隔も1,300mmと広がった。軽食等の車内サービスのためのアテンダントが乗務するなど、「日本最高の列車内サービス」を目指すとしている。

Ｅ５系は、東京～新青森間（約700km）を奇しくも東海道新幹線（515km）開通時と同じ３時間10分で結んだ。現在、東京～新函館北斗間（約800km）では最速３時間58分の所要時間となっている。

「到達時間短縮と快適性、環境対応をトータルとして達成したこと」が受賞理由となった。

2012（平成24）年
日本貨物鉄道
“HD300形901号”機関車

贈呈式：2012（平成24）年11月18日（日）

贈呈式は東京貨物ターミナル（東京都品川区八潮）で行われたため、式典会場に近い「品川郵便局」で記念押印を行った。押印用の台切手には、賞を贈呈した車両が地球環境に優しいシステムを多用しているということから、「自然との共生シリーズ切手（第1集）」（2011年8月発行）の中の「レブンアツモリソウ」と慶事用切手50円「ハート」を採用した。なお日付印には「インク浸透式」が使用された。風景印の絵柄は、「大井埠頭を背景に品川寺の江戸六地蔵と品川神社」を描いたもの。

ＪＲ貨物は、全国ネットのコンテナ輸送と一部地域の資源輸送を主にＪＲ旅客６社の線路を利用して行う会社で、旧国鉄改革（1987年）の一環として設立された。直行輸送が中心であるが、貨物駅や信号場などでは入換作業があり、そこでは入換用機関車が頻繁に往来する。しかし、周辺には住宅地や商業地が多く、その環境保全が強く要請されてきた。このような要請に応えるべく開発された環境にやさしい、省エネ型機関車がＨＤ300形901号である。

ディーゼルエンジンで車載発電機によって発電、この電気とリチウムイオン電池からの電気を併用して主電動機を駆動するディーゼル電気機関車である。

主電動機は、省エネのため永久磁石同期電動機（**注22**）を日本の機関車で初めて導入した。

このようないわばハイブリッド方式の機関車とした結果、東京貨物ターミナルの入換作業で700ｔ牽引の場合、走行時の燃料消費量が30%、NOx排出量で62%の軽減ができたという。

しかも機器の小型化によって騒音軽減も実現、エンジン高速回転時の騒音レベルで22デシベルの低減となった。また、ブレーキ時に発生するCO_2も電力回生ブレーキ（**注12**）の採用でエネルギーを電池に蓄えることで排出量が抑制されている。

なお、運転台からの視認性を向上させるため前面窓の大型化、乗降ステップ等の手すりの形を変えたり、連結器灯の設置等、入換作業に伴う安全確保にも留意した。

「あらゆる環境に配慮した車両で、日本の機関車技術の発展に寄与」したことが受賞理由となった。

2013（平成25）年
東京地下鉄
“1000系”電車

贈呈式：2013（平成25）年10月12日（土）

贈呈式は丸の内線（方南町支線）の中野富士見町駅に隣接する中野車両基地で行われたため、同区の近傍の「中野郵便局」で記念押印を行った。押印用の台切手には、当該年2013年の年賀切手50円「奈良井土鈴・福袋巳」（2012年11月発行）と地下鉄に因む「地下鉄50年記念」（1977年12月発行）のうち「創業当時の車両（東京地下鉄道1000形）」の記念切手を使用した。風景印の絵柄は、「全国勤労青少年センター（中野サンプラザ）と官庁街に哲学堂公園」を描いたもの。

東京の地下鉄は、1927（昭和２）年上野～浅草間に開通した日本最初の「東京地下鉄」に端を発する。1000系は、この90年の歴史を持つ日本最古の歴史をとどめる狭小トンネル、曲線連続の厳しい線形に適合する近代車両を目指し、銀座線のサービス改善を目指し“01系”の後継車として登場した。

車体は、銀座線開通時の1000形を思わせる、いわばレトロ調である。開業時への復元もコンセプトのひとつで、塗色等も当時に近いものという。

リンク式片軸操舵台車を装備、曲線通過時に台車と車体間に生ずる変位を軽減するため操舵装置によって輪軸が自動的に舵を切る仕組みを投入した。（自動車がハンドルを切るのと同じ）これによって曲線通過時の振動・騒音も軽減し、乗り心地も向上したという。

ブレーキについても、編成全体のブレーキ力のバランスをとる演算制御機構を内装し、電力回生ブレーキも採用して省エネにもつながった。

車内は、一部の編成ではさらにレトロ調に徹し、過去の木造時代を連想させる、落ち着いた木のイメージが演出できるLED照明を採用した。そして、荷棚に強化ガラスを使用するなど、きめ細かい近代化車両に仕上げている。また、その他の編成は、白を基調とした明るい車内とするなど、二つのバージョンに分かれる。

銀座線の車両限界からどうしても小型車となるため極力開放感のある車内とするため天井構造の見直し、薄型空調機を採用した。（レトロ型・一般型共通）

銀座線の「厳しい走行環境に対して新技術導入により快適性、走行性能向上、省エネを重視」したことが今回の受賞理由となった。

2014（平成26）年
近畿日本鉄道
“50000系”電車

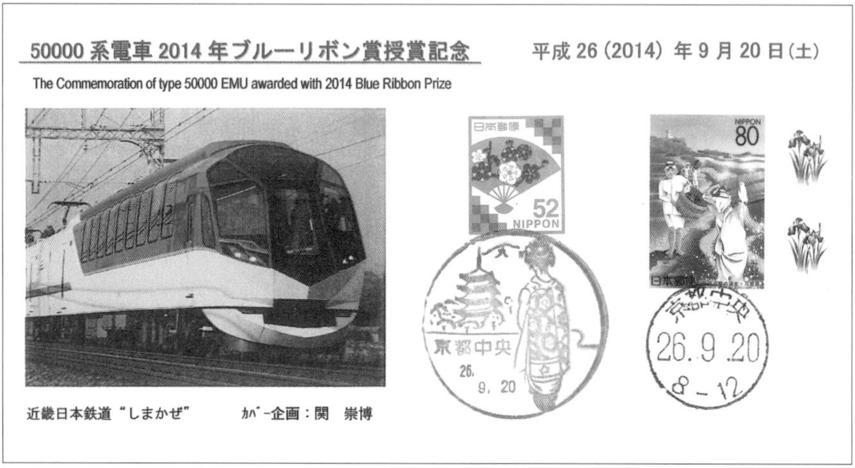

贈呈式：2014（平成26）年９月20日（土）

贈呈式は同社京都線の京都駅１番線ホームで挙行されたため、同所の北側で程近い「京都中央郵便局」で記念押印を行った。押印用の台切手には、慶事用切手52円*)「扇面に梅文様」と今回の受賞車両50000系「しまかぜ」の行き先である観光地「伊勢志摩」に因み「三重県ふるさと切手（志摩の海女）」(1996年５月発行）を使用した。風景印の絵柄は、「東寺の五重塔と舞妓」を描いたもの。

*）2014年４月１日消費税が５％から８％に引き上げられ、記念押印できる最低金額（葉書料金）は52円となった。

近畿日本鉄道は、1947（昭和22）年から大阪～名古屋間（当時は中川乗換え）に有料定員制特急の運行を始め、70年を経過、今では近畿、東海５府県にわたる主要各線を結ぶ特急ネットワークを構築している。特に京都、奈良、伊勢志摩等の国際的観光地を結び、観光特急としての性格が強い。50000系は、伊勢神宮の式年遷宮に合わせて2013（平成25）年から「しまかぜ」の名で、従来の特急を一段とグレードアップした特急列車として大阪、名古屋、京都と伊勢志摩間に登場した。

車体は次の編成で構成される。大阪方から見て、①ＨＤ（高床）展望車、②一般座席車、③グループ向き座席車、④２層カフェ車、⑤バリアフリー対応座席車、⑥ＨＤ展望車、の６両固定編成である。

横揺れ軽減のためフルアクティブサスペンション（**注20**）を装備、低騒音の駆動装置も導入した。

車内は、在来特急を一段とグレードアップした。一般座席車も含め座席は原則として３列（２＋１）配置で、シートピッチも1,250mmを確保、座席生地には本革を用いているなど、近鉄の「グランクラス」車両ともいえる内装である。特に２層構造のカフェ車は上下層に座席があり、車内販売拠点でもあるカウンターを設け、専属アテンダントが食事、喫茶のサービスにあたる。グループ向け車両はサロン席と洋風個室が中心だが、掘り炬燵のある和風個室も設けられ、お年寄りに好評という。

50000系車両は、永い歴史を持つ近鉄特急の伝統を越えた、いわば高級特急ともいうべきもので、大阪、名古屋、京都と賢島を結ぶ３系統に、各１日１～２本ずつ運行中で、既設の特急料金に付加料金を追加して利用することになる。

「近鉄特急のフラッグシップ（旗艦）的役割として位置付けられる豪華列車」となったことが受賞理由であった。

2014（平成26）年
福井鉄道
“F1000形”電車（ふくラム）

LAUREL PRIZE
ローレル賞
鉄道友の会

F1000形電車 2014年ローレル賞授賞記念　平成26（2014）年10月13日（月）

The Commemoration of type F1000 tramcar awarded with 2014 Laurel Prize

福井鉄道“フクラム”　カバー企画：関　崇博

贈呈式：2014（平成26）年10月13日（月）祝日

贈呈式は同社北府車庫に隣接する本社にて行われたため、同車庫に程近い「武生郵便局」で記念押印を行った。押印用の台切手には、慶事用切手52円「扇面と梅文様」と式典開催地の越前市（旧；武生市）に因む「福井県ふるさと切手（紫式部と出会えるまち武生）」（1996年6月発行）を使用した。風景印の絵柄は、「日野山と万代歩道橋を背景に、紫式部像と菊花」を描いたもの。

福井鉄道は、福井と武生《たけふ》を結ぶ福武《ふくぶ》線（越前武生～田原町間、福井城址大名町～福井駅前間）約20kmの路線を持つ。沿革的理由から、越前武生から赤十字前駅付近の鉄軌道分界点までが鉄道法により、分界点以東は路面電車となるので軌道法の適用を受ける。もちろん車両は直通運転する。さらに田原町からえちぜん鉄道との鷲塚針原までの区間で相互直通を行う。

鉄軌道直通のため過去には鉄道線用（ステップ付き）の大型連接車を導入したり、名鉄から２車体連接の軌道線用低床車両を購入したり様々な車両が入線していたが、地方都市圏輸送改善のモデル地区となったので自治体等とも協議の結果、鉄軌道直通範囲をえちぜん鉄道との会社跨りも含めて広げることを機に、その中核車両とすべく導入されたのがＦ1000形であった。

車体は、３車体連接、車長27mで、収容力を増加した。先頭車は「ＳＦ的デザイン」といわれる新機軸で、正面の大型斜めガラスが目立つ。ボンバルディア社ＧＴ型を新潟トランシス社がライセンス製作したものである。

車内は定員155名。低床式車としては最大級といえよう。また駅によって乗降口が左右に変わるため運賃箱等のレイアウトを工夫している。車体幅は2.6ｍと、これも低床連接車としては最大のものとなった。

駆動システム、ブレーキシステムは新潟トランシスLRV（軽快車）の標準構造を採用、主要部品はすべて国産品を使用する。

鉄道線と軌道線、さらに他社線と「異なった条件の路線に適合」させ、しかも「輸送力、車内設備、利便性を追求」したことが受賞理由である。

なお、福井県民からの公募で決まった愛称名はFUKUI《ふくい》とTRAM《トラム》の合成語である「ふくラム」となった。沿線の夢がふくらみ成長していくことを願っての命名と聞く。

2014（平成26）年
東日本旅客鉄道
“E6系”電車（こまち）

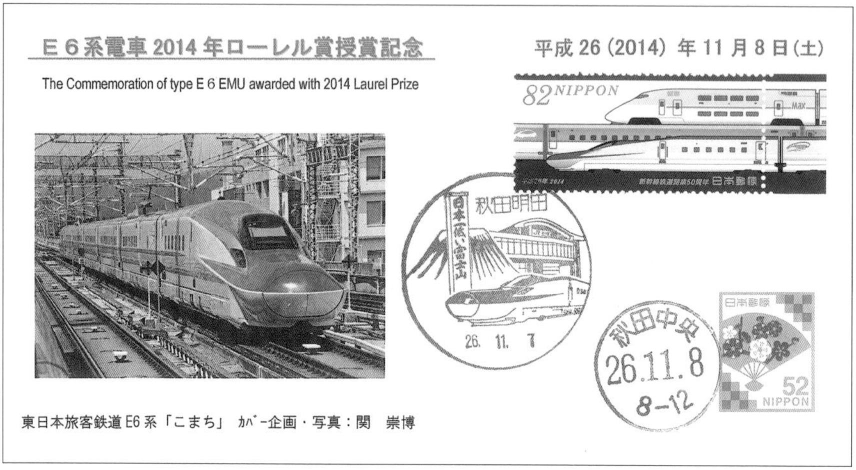

贈呈式：2014（平成26）年11月８日（土）

贈呈式は秋田駅11・12番線ホームの上り方で開催されたので、式典開催の土曜日も押印可能な「秋田中央郵便局」をメインとする一方、秋田駅近くの特定郵便局「秋田明田郵便局」の風景印の絵柄にＥ６系「こまち」が採用されていることを承知していたため、今回の記念カバーには是非とも秋田明田郵便局の風景印をも採用したく思い、贈呈式前日秋田入りして11月７日付の秋田明田郵便局風景印を押印、翌８日の贈呈式当日には「秋田中央郵便局」で日付印の記念押印を行った。押印用の台切手は、東海道新幹線開業50周年記念で発行された「新幹線鉄道開業50周年」（2014年10月発行）の中の「上越新幹線Ｅ１系と秋田新幹線Ｅ６系」の切手と慶事用切手52円「扇面と梅文様」を使用した。

ＪＲ東日本は、いわゆるミニ新幹線が２線で運行中である。ミニとは、フル規格新幹線に対しての表現で、在来線の軌間（1,067mm）を新幹線並みの標準軌（1,435mm）に改築し、そこに最高速度を新幹線と同じ性能を持たせ、新幹線車両と併結運転できる特別な車両を運行する路線をいう。通称、山形新幹線（福島～新庄間）、秋田新幹線（盛岡～大曲経由秋田間）がそれである。

両線とも法規的には在来線で、同区間には標準軌間用に改造した普通列車も運行する。比較的交通量の少ない路線への新幹線直通サービスを可能とした方式である。充当される車両は、新幹線区間では320km/hの高速運転を行う性能を持つが、在来線区間では最高130km/hに制限される。

車体は、在来線並みの規格（小型）となるので、新幹線・在来線両線対応の機器の配置等に困難な課題を克服する必要があった。Ｅ６系は十数年前入線のＥ３系の後継車として登場したものである。

Ｅ３系を踏襲しつつ320km/h運転時の騒音対策等からフル規格新幹線車両に近いロングノーズ（13m）型となった。このための定員減を防ぐため編成は７両（電動車５両、付随車２両）となった。安定走行のためと耐雪上から機器は極力床下に収めることとし、車高を下げ3,650mmとした（空調装置の床下配置等）。また、寒冷地対策として台車前後のフサギ板にヒーターを取り付けた。

新幹線区間のカーブ通過時の乗り心地改良のため最高傾斜角度1.5度の空気ばね式車体傾斜装置を搭載している。

車内は、在来線と同じ２×２列座席である。しかし、サービス関係諸設備（サニタリー等）は、新幹線に準じたものとしている。

「新幹線と同じ320km/hの高速運転を在来線の車両規格（小型車）という制約の中で、しかも環境対策に留意しつつ実現した」ことが受賞理由であった。

2015（平成27）年
東日本旅客鉄道
“EV-E301系”電車

贈呈式：2015（平成27）年９月26日（土）

贈呈式は、烏山線の終点烏山駅の駅前ロータリー特設会場で開催されることになったが、同駅の近傍に土曜日開局の郵便局がないため、烏山線の列車が発着する宇都宮駅に程近い「宇都宮中央郵便局」で記念押印を行った。押印用の台切手には、慶事用切手52円「扇面と梅文様」と「地方自治法施行60周年記念シリーズ切手（栃木県）」（2012年10月発行）の中の「真岡鐵道ＳＬ」を使用した。風景印の絵柄は、「登録文化財の松が峰教会聖堂」を描いたもの。

ＪＲ東日本は、関東北部から東北地方にかけて多くのローカル線、いわゆる「地方交通線」を持つ。このような比較的交通量の少ない路線での効率的運行を図るため、ハイブリッド方式といわれる蓄電池利用による非電化区間用の車両（電車というべきか）が開発された。

車体内に大容量の蓄電池（リチウムイオン電池）を装備、ここからの電気を利用して非電化区間でも電動機（モーター）で運転する。電化区間走行中に充電したり、電力回生ブレーキ（**注12**）使用の際、制動力を利用して発電し、その電気を電池に充電しておく仕組みである。したがって「電車」にほかならない。

車体は、２両固定編成で、パンタグラフ２基を備え、折り返し駅での急速充電にも備えている。ステンレス製、片側３ドア、床面高さ1,130mmは電化・非電化区間で異なるホーム高さに対応できる。

外装は、ステンレスのため窓周辺に青系の広い帯を入れたほか、生地を活かした無塗装である。

車内は、３扉、ロングシートで、地方交通線の特色である通学時の混雑にも対応ができる。

この車両は、リチウムイオン電池という大容量の蓄電池が発明されたことによって開発可能となった、新タイプの省エネ型電車といえよう。

現在、東北線宇都宮から宝積寺を経由、烏山までの烏山線直通電車として運行されている。宇都宮～宝積寺間11kmの電化区間は架線電力で運転、烏山線20kmは非電化区間のため蓄電池からの電気で走る。終点烏山では、ホーム上に短い架線を張り折り返し時間にも充電する。

気動車に比べ騒音も少なく、排気ガスもない「環境にやさしい電車」であること、ハイブリッドという「非電化鉄道で新しい動力方式」を実用化した点が受賞理由となった。

2015（平成27）年
東日本旅客鉄道“E7系”西日本旅客鉄道“W7系”新幹線電車

BLUE RIBBON 賞 ブルーリボン 鉄道友の会

贈呈式：2015（平成27）年10月24日（土）

贈呈式は西日本旅客鉄道の白山総合車両所で挙行されたが、式典会場の近くに土曜日開局する郵便局が見当たらないため、市内の「金沢中央郵便局」で記念押印を行った。押印用の台切手には、ズバリ北陸新幹線開業記念の「北陸新幹線（長野・金沢間）開業」（2015年３月発行）の中から、左頭デザインの「西日本旅客鉄道Ｗ７系」と右頭デザインの「東日本旅客鉄道Ｅ７系」を並べて使用した。風景印の絵柄は、「日本三大名園の兼六園と金沢城石川門」を描いたもの。

2015（平成27）年に金沢～東京間が開業した北陸新幹線に投入されたＪＲ東日本とＪＲ西日本が共同開発した新幹線電車である。（所属会社によってＥ（ＪＲ東日本）、Ｗ（ＪＲ西日本）と別名となっているが、同一設計）

北陸新幹線は、高崎～軽井沢間に30‰の連続急勾配があること、途中供給電力周波数50Hzと60Hzの切換え点が３カ所あること、冬季積雪区間もあるなど、厳しい線路条件である。

車体は、「和の未来」をコンセプトに、前面から車体上部を空色、車体は白を基調とし、中央に銅《あかがね》色と空色の帯を通した。

性能面でも上記の条件を考えて12両中10両が電動車、最高速度は275km/hとなった。

アルミ合金製で、車幅は東北新幹線のＥ５系に比べ３cm拡幅した。主機（電動機、変圧器等）は、すべて50・60Hz対応可能である。主電動機は、300kW誘導電動機を備え、30‰の急勾配区間で１ユニット（２両）の機器カットの状態でも勾配区間での起動が可能である。地震発生時、停電検知の場合に備え停電検知ブレーキを装備、より強い制動力を持ち、制動（停止）距離を短縮した。

降雪時の自力での排雪走行のため先頭車に雪掻き用スノープラウや強化排障装置も装備されている。

車内は、まず特色としてグランクラス車の連結がある。金沢方先頭車から東北新幹線でも連結されたグランクラス車、次いでグリーン車、普通車の順に12両編成となる。

「和」をコンセプトにした車内のインテリアデザインは落ち着いた中にも華やかな空間模様を目指したものという。

厳しい「線路条件に備える安全性」を確保しつつ「和の未来をコンセプトとするデザイン」を評価しての受賞となった。

2015（平成27）年
箱根登山鉄道
“3000形”電車（アレグラ）

贈呈式：2015（平成27）年11月8日（日）

贈呈式は箱根登山鉄道の強羅駅２番線ホームの特設会場で開催されたが、同駅の近傍に日曜日開局の郵便局がないため、同鉄道の路線上の発駅である小田原駅に近い「小田原郵便局」で記念押印を行った。押印用の台切手には、慶事用切手52円「扇面と梅文様」と式典会場の箱根強羅に因んで「ふるさとの祭りシリーズ切手（第３集）；「箱根大名行列・神奈川県」（2009年10月発行）50円の“ペア貼り”〔押印可能な額面（52円以上）が必要〕で使用した。風景印の絵柄は、「小田原城天守閣と梅の花」を描いたもの。

箱根登山鉄道は、小田原～箱根湯本～強羅間を結ぶ15kmの鉄道（ほかに1.2kmの早雲山ケーブルを運行）で、箱根湯本～強羅間には最急80‰を含む急勾配、曲線半径30mの急曲線、３カ所の折返し式（スイッチバック）停車場のある日本唯一の本格的登山鉄道である。小田原～箱根湯本間は平坦線で、小田急の車両が乗り入れており、1,500Ｖ電化区間。以北箱根湯本～強羅間は勾配区間で架線電圧も750Ｖと変わり、特殊装備の登山線車両のみが運行する。近年、内外観光客の乗車が急増しつつあり、これに対応するため3000形電車の投入となった。

車体は、観光電車であることから赤を基調色とし、正面下部にグレーの帯を入れ、前面の１枚曲面大型ガラスや側面の大型ガラスとの調和を図っている。

車内は、二つに区分される。両先頭部は展望ゾーンで縦１枚の大型ガラスが目立つ。中間部は４人掛けのクロスシートゾーンとなる。クロスシート部の窓は下降でき、新鮮な山の空気を取り入れることも可能だ。室内はLED照明、座席は赤の暖色系、壁の木目調の化粧板等で温かく、落ち着いた雰囲気を作りだしている。

登山鉄道として独特の走行機能を持つ。まずVVVFインバータ制御装置（注11）とSIV装置（注24）を床下の一体箱に集約して装備した。また3000形のみ運転の際は上り勾配と急曲線を一定速度で走行できる速度制御システムも備える。また勾配区間内の安全を期するためブレーキは電気、電気指令式、保安（レール圧着式）、手動の４種類を持つほか、登山線在来車と同じ珍しい急曲線でのレールへの散水装置も先頭車床下に搭載している。なお、箱根湯本以北登山区間と車両基地のある湯本～入生田間は架線電圧が異なるので、入出庫のため複電圧システムも備える。

「斬新なデザイン」と「最新技術」により安全快適な鉄道として「観光地のイメージアップにつながった車両」が受賞理由となった。

（注７）アレグラとは、箱根登山鉄道が姉妹提携を結んでいるスイスのレーティッシュ鉄道沿線のクラウビューンデン州で使われているロマンシュ語の「お幸せに」という意味のあいさつ言葉。

2016（平成28）年
阪神電気鉄道
“5700系”電車

贈呈式：2016（平成28）年10月２日（日）

贈呈式が甲子園駅５番線ホームで開催されたため、同駅に程近い「西宮郵便局」で記念押印を行った。押印用の台切手には、式典を行う甲子園駅が高校球児憧れの場所である「甲子園球場」の玄関口であることから、野球に因む記念切手の「日本プロ野球50年記念」（1984年11月発行）と慶事用切手52円「扇面と梅文様」を使用した。なお、2016年以降の記念カバーの作成においては、特殊例を除き「インク浸透式日付印」が使用されている。風景印の絵柄は、「夙川河川敷公園」を描いたもの。

阪神電気鉄道は、大阪梅田と神戸元町を結ぶ阪神本線（両終端は地下駅）、阪神なんば線（尼ヶ崎・大物《だいもつ》～大阪難波間）、武庫川線（武庫川団地～武庫川間）、計45kmの路線を持つ大手民鉄である。なお、第３セクターとして営業開始した神戸市内の各民鉄ターミナルを結んで直通運転を可能にした第３種鉄道の神戸高速鉄道線の一部５kmを傘下に収めた。本線は32kmと短いが、なんば線を介して近鉄奈良線奈良方面と、また元町から神戸高速線を介して山陽電鉄本線姫路方面と相互直通運転し、梅田～姫路間、奈良～尼崎間等の長距離直通電車が運行している。本線は、高い輸送密度を持ち、大手民鉄でいわゆる地方交通線を持たない純粋の都市圏鉄道といえよう。

阪神本線は、特急・急行等高速列車の頻度が高く、その間を走る各停電車は高加速・高減速可能な高性能車両が高密度ダイヤ維持のため不可欠である。そのため同社は特急・急行用と各停用車両をこれまでずっと造り分けてきた。各停車両は、これまでも全電動車で編成され、高加減速のためジェットカーと呼ばれたこともあったほどだ。5700系もこの伝統を引き継いでいる。

車体は、ステンレス、レーザー溶接（**注19**）で滑らかな表面となる「青」の各停車伝統色を基調とし、前面と側面扉周りは円形の青でまとめている。主要電動機は永久磁石同期電動機（**注22**）を採用、低騒音に努めている。加速度4.0km/h/s、減速度4.5km/h/sと高加速高減速性能を持つのもこの車の特色だ。

車内は、座席幅470mm、在来の扉間８人掛け座席を７人掛けとしたほか、ドア脇の空間を拡大、混雑時の乗降を容易にした。また、関西大手民鉄では初めて乗客操作用の扉開閉スイッチを設け、急行待避等の長時間停車時の保冷・保温に配慮した点も各停専用車ならではである。

「人・環境へのやさしさ」追求をコンセプトに「各停電車に特化した高性能車」を目指したことが受賞理由である。

2016（平成28）年
四日市あすなろう鉄道
“新260系”電車

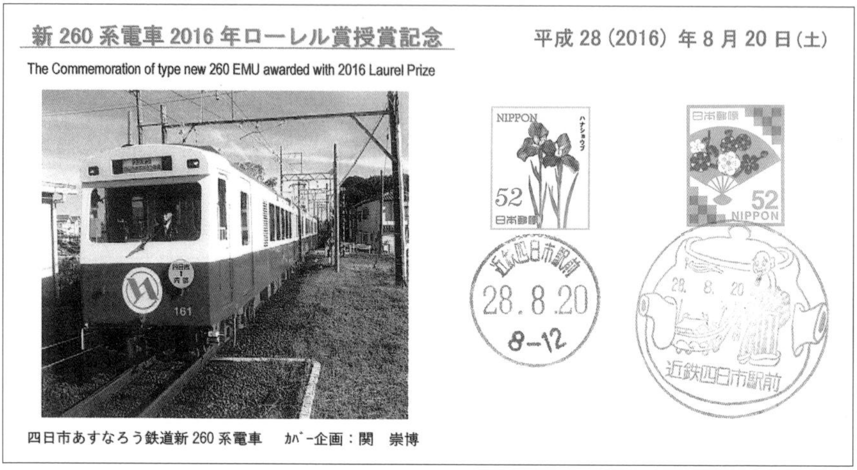

贈呈式：2016（平成28）年８月20日（土）

贈呈式は同鉄道の四日市駅構内で開催されたため、同駅のすぐ近くにある「近鉄四日市駅前郵便局」で記念押印を行った。押印用の台切手には、「あすなろう鉄道」が三重県の鉄道であることから、三重県の県の花「ハナショウブ」をデザインした「おもてなしの花シリーズ（第５集）」（2016年４月発行）の中の「ハナショウブ」の切手と慶事用切手52円「扇面と梅文様」を使用した。風景印の絵柄は、「四日市萬古焼を内枠として鯨船と大入道山車」を描いたもの。

四日市あすなろう鉄道は、従来の近畿日本鉄道の路線のうち四日市～内部《うつべ》間の内部線、日永《ひなが》～西日野間の八王子《はちおうじ》線、計７kmを承継、四日市市等の地元自治体等が出資する第３セクター会社として、2016（平成28）年発足した。同線は、「軽便軌間（762mm）鉄道」で、同じ三重県内の三岐鉄道北勢線とともに国内２社のみの貴重な存在（黒部峡谷鉄道も軽便軌間であるが、季節運行）である。社名のあすなろうは成長の早い植物「アスナロ」と狭軌の「narrow《ナロー》」に因んだ命名である。

車体は、新たに３両固定編成を組み、先頭２両は旧車の改造による更新車、中間車が新造車で構成した。

走行機器は、車幅が狭いため３両の床下に分散配置されている。（１両が電動車、２両が付随車の１Ｍ２Ｔ）

車内は、車幅が1,920mmである。車窓は３両とも幅広い固定窓で揃え、外側のアイボリーとブルーのツートンカラーと調和させている。完全空調で、その機器も車内にあり、中間車１台、両先頭車各２台を備え付けている。（冷房電源は中間車床下のインバーターによる）

車幅の関係で１人掛けの固定クロスシートを採用した。座席は、シートのクッションを厚くし、背もたれを高くするなど、乗り心地の改良に努めている。車いすスペースも先頭車に設け、バリアフリーにも対応した。車内の案内表示器、非常通報装置も整備した。このように車内サービス面では標準軌車両と遜色ない水準のものとなった。

軽便軌間による「狭い車両という厳しい条件」のなか、それを感じさせないような「現代の車両として備えるべき内容を具備」した点が受賞理由となった。

2017（平成29）年
九州旅客鉄道
“BEC819系” 電車（DENCHA）

贈呈式：2017（平成29）年12月３日（日）

贈呈式は直方車両センターで開催されたため、同センターに程近い「直方郵便局」で記念押印を行った。押印用の台切手には、直方が北九州工業地帯一角であったという歴史から、八幡製鐵所の溶鉱炉などをデザインした「福岡県ふるさと切手（ジャパンエキスポ北九州博覧会2001）」(2001年７月発行）と慶事用切手62円*)「扇面と梅文様」を使用した。この記念押印の際、今回の贈呈式が午後開催となることから、午後の日付印を押すために12時を待って局を訪問、窓口で押印をお願いしたが、出て来たカバーの日付印の時刻は“８-12”の午前印のまま（局員が業務上必要な時刻変更作業をしていない！）でガックリした記憶が残っている。風景印の絵柄は、「遠賀川と福智山を背景に日若踊り」を描いたもの。

*）2017年６月１日、郵便料金改定で葉書料金が52円から62円に変更されたため、記念押印の最低金額（葉書料金）は62円となった。

ＪＲ九州では、電化区間に隣接して短距離の非電化区間が残っているところが多い。このような短距離の非電化区間の気動車を取り替えるため新技術導入による、交流架線式蓄電池電車（愛称名はその名もDENCHA（デンチャ）と名付けられた）がBEC819系電車である。架線のない非電化区間は車載の主回路蓄電池に蓄えられた電気エネルギーで走行する。あらかじめ非電化区間に入る前に、架線からパンタグラフを通じて蓄電池に集電しておく必要がある。電化区間ではもちろん通常の電車と同様、架線から集電して走ることは言うまでもない。主回路蓄電池は、新開発のリチウムイオン電池で、大容量の蓄電ができる。電池は、Tc車（付随制御車）の床下に搭載され、外からもわかりやすいように青色の箱に収納されている。

車体は、アルミ合金製、２両固定編成（Mc・Tc）、片側３扉、狭小トンネル（非電化区間の）も通過できるようパンタ部の屋根は低屋根構造だ。

車内は、ロングシート、扉上に幅広い案内表示器を設けている。車端壁面にあるこの車両の電気の流れを示す専用の案内表示器が珍しい。もちろん車いす対応のスペース、車いす対応の大型トイレ等、バリアフリー対応も取られている。

現在、この車両は筑豊（若松）線折尾～若松間の短距離・非電化区間（約10km）と折尾以南筑豊線直方方面に直通し、さらに桂川《けいせん》から博多までの篠栗線（電化区間）にも運行されている。電車のためにエンジンからの騒音・振動もなく、排気ガスもない。しかも、電力回生ブレーキ（**注12**）使用で、全体としての省エネ効果も大きい。「環境負荷の低減」に寄与し、電車化で「沿線イメージが向上」したことが受賞理由である。

2017（平成29）年
東日本旅客鉄道
“E235系”電車

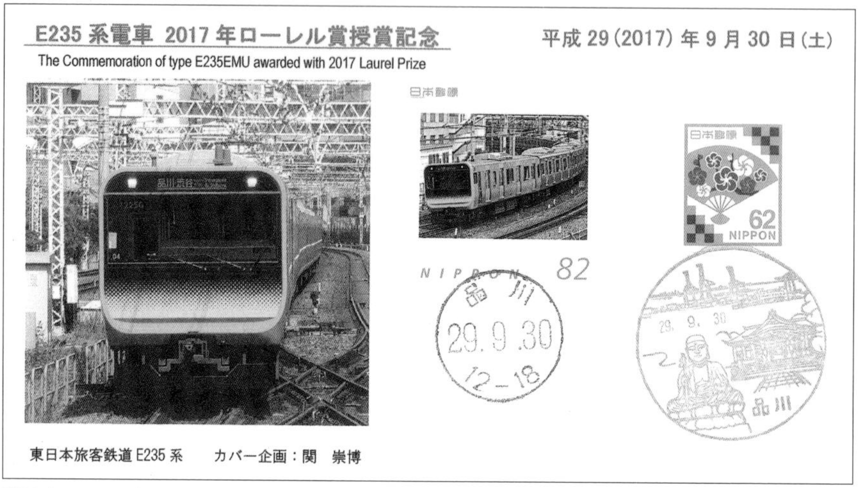

贈呈式：2017（平成29）年９月30日（土）

贈呈式は大井町駅に隣接する東京総合車両センターで開催されたため、同センターに程近い「品川郵便局」で記念押印を行った。押印用の台切手には、当時発行中であった「Ｅ235系フレーム切手」の中の１枚と慶事用切手62円「扇面と梅文様」を使用した。余談となるが、近年は全国の郵便局において日付印は「インク浸透式」のものを使用するのが一般的となっているが、今回の記念押印では、通常窓口配備の「インク浸透式」の日付印ではなく、わざわざ奥から従来の金属製の日付印（黒活印）を持ち出しての押印であったため大変感激した思い出がある。

〔風景印の絵柄は、2012年ＨＤ300形901号Ｌ賞に同じ〕

ＪＲ東日本は首都圏、特に東京の大都市圏交通を担い山手、中央、総武、京浜東北線等で世界最大級の大量集中輸送に対応している。その中核をなす山手線はＥ231系500番代と当時の最高技術水準を取り入れた新型車を登場させ、大量の通勤・通学輸送を中心とする都心部の基礎インフラを担ってきた。Ｅ235系はこの最新後継車である。

車体は、従来車と同様、軽量ステンレス構造をベースとした。雨樋が外に出ないようにし、腰部から上を垂直に立ち上げる構造としたため、前面塗装の変更もあって先代のＥ231系500番代やＥ233系とは違ったイメージの顔となった。また、側面の塗装も従来のラインカラー（緑）の横帯をドア部のみのタテ塗装とした。山手線は各駅のホームドアの整備を進めているので、横帯では見にくいと考えられたからで、この点からも車体のイメージが変わって見える。

VVVFインバータ制御装置（**注11**）も新型で、電力ロスを少なくし、回生ブレーキの高速度域への拡大を可能にする、次世代半導体のSic素子を採用した。また、列車情報管理装置（INTEROS）を導入、車両の様々な機器の作動状況のデータを地上側に即時送信して、車両状態が常時把握できるようになった。

車内は、これまでの紙の広告に代えて側窓と妻上部にデジタルサイネージ（**注25**）を導入したことも大きな特色で、車内広告革命ともいわれている。また、車いす、ベビーカー等に対応する扉横のフリースペースを各車１カ所ずつ設けたのも特徴である。

「安全安定輸送」を前提とし「新機軸をハード・ソフト両面にわたって取り上げた」点が受賞理由となった。

2017（平成29）年
静岡鉄道
“A3000形”電車

贈呈式：2017（平成29）年10月7日（土）

贈呈式は同鉄道の新静岡駅１・２番線ホームで開催されたため、同駅から程近い「静岡中央局」で記念押印を行った。押印用の台切手には、地元静岡県のシンボルが富士山であることに因み、葛飾北斎が描いた赤富士に地震波形をデザインした記念切手「国際地震サミット記念」（1991年10月発行）と慶事用切手62円「扇面と梅文様」を使用した。風景印の絵柄は、静岡の名産品の茶に因み「茶壷形の外枠に駿府城の巽橋と富士山」を描いたもの。

静岡鉄道は、新静岡～新清水間の静岡清水線11kmの鉄道路線を持つ。かつては静岡、清水両市内に路面電車や県内各地の軽便鉄道も運行していたが、同社のバスへの転換で廃線となった。当線は路面電車とも直通できる小型車中心の運行からスタートしたが、1957（昭和32）年の静岡国体を機に完全な鉄道線への脱皮を果たした。A3000形は40年振りの新形式車とされ、沿線発展に伴う通勤時用車両の取替えと増強のため登場した。

車体は、18m片側３扉車、Mc・Tc（制御電動車＋制御車）の２両固定編成である。軽量ステンレス製、車体剛性強化設計により安全性を確保している。先頭部は、FRP製で直線・曲線の組み合わせによる造形だ。首都圏のＪＲ電車を思わせる都市圏電車型の顔である。塗色は、側面から前面に回り込む基調色の帯が編成ごとに静岡をテーマとした７色に塗り分けられているのも特色だ。

主電動機はVVVF制御（**注11**）による三相かご型誘導電動機が装備され、騒音防止と保守性の向上を図っている。台車は、ボルスタ（揺れ枕）付空気ばね台車で、安全性と保守性で実績を重ねてきた在来線をベースとした。

車内は、セミバケットタイプのロングシート、１人当たりの座席幅が在来車に比べ45mm拡大された。車内照明はLED、側扉動作を示す表示灯チャイムが設置された。

A3000形は中規模民鉄としては珍しい12編成に及ぶ集中投入を目指し、同線のイメージを一新する。

現在の鉄道車両で「確立熟成された高い信頼性を持つ技術」をバランスよく選択し、同社の「路線状況、運行形態への調和を考慮してまとめられた車両」が受賞理由となった。

2017（平成29）年
えちごトキめき鉄道
“ET122形1000番代”(雪月花)

LAUREL PRIZE ローレル賞 鉄道友の会

贈呈式：2017（平成29）年10月14日（土）

贈呈式は直江津駅のホームで開催されたため、同駅から程近い「直江津郵便局」で記念押印を行った。押印用の台切手には、この車両を使用する列車“えちごトキめきリゾート雪月花”の行先である糸魚川が「翡翠《ひすい》」の産地であることに因み「新潟県ふるさと切手（ヒスイの里と相馬御風）」(1995年５月発行）と慶事用切手62円「扇面と梅文様」を使用した。風景印の絵柄は、「直江津港を背景に国分寺三重塔と親鸞上人像」を描いたもの。

えちごトキめき鉄道は、北陸新幹線開通に伴い並行在来線となった信越線妙高高原～直江津～市振間89kmをＪＲから切り離して経営する第３セクター鉄道である。同社は、この路線を観光路線として位置づけ、ＥＴ122形1000番代による新装観光列車の運転を企画した。

車体は、ＥＴ122形気動車をベースにした２両編成気動車で、塗装は赤を基調とし天井まで張り上げた大型ガラス窓が特徴で、全面展望車の感覚である。先頭部の逆U字型の飾り金具は地元新潟県燕三条で加工・生産されたものが、また室内塗装にも同じく新潟県産安田瓦の陶板が張られているなど、地元の素材にこだわった。さらに車両自体が新潟トランシス社製である。

車内は、１号車が妙高山に向けた座席が配されたラウンジ形式となり、先頭部はハイデッキ展望席として、すべての乗客に解放されるフリースペースである。２号車はレストランスタイルの座席配置である。車内で提供されるフルコースの食事は沿線の食材がふんだんに取り入れられている。同車先頭部は特別料金制の個室、連結面寄りはバーカウンターが設けられ地酒が振る舞われる。

ダウンライト、天井間接照明など、綿密な照明設計も、この車の特徴であろう。

「えちごトキめきリゾート雪月花」の列車名によって上越妙高～糸魚川間をシーズン週末に団体（ツアー）列車の形で運行される。

「地場産業振興」「沿線の観光振興」の両面に大きく貢献したという、車両の果たした「社会経済効果」に注目した点が受賞理由となった。

（注８）並行在来線――乗客数の比較的少ない地域では、新幹線と並行するＪＲ在来線は新幹線開業で乗客がさらに減少して、ＪＲの経営を悪化させる。したがって、並行区間をＪＲの経営から分離、沿線自治体等の出資による第３セクター会社の経営に移管することとなっている。

2018（平成30）年
西日本旅客鉄道
“35系”客車

贈呈式：2018（平成30）年12月９日（日）

贈呈式は“ＳＬやまぐち”の始発駅である新山口駅１番線ホームで開催されたため、同駅から程近い「小郡郵便局」で記念押印を行った。押印用の台切手には、「グリーティング・ハッピイグリーティング（シール式）」の62円切手（2018年４月発行）と「山口県・島根県ふるさと切手」（1999年10月発行）のうち鉄橋を往くＳＬけん引列車をデザインした「津和野」を使用した。風景印の絵柄は、「梛《なぎ》の木、俳人種田山頭火の句碑およびＳＬ」が描かれており、このＳＬは同局近くに保存されるＤ51813と推測され、鉄道愛好家には嬉しい風景印となっている。

ＪＲ西日本山口線の新山口～津和野間では、旧国鉄の手によって1979（昭和54）年から蒸気機関車（Ｃ57 1）の復活運転を行っており、多くの観光客の利用がみられた。ＪＲ西日本がこれを引き継ぎ同区間でＣ57形（現在はD51形）牽引のＳＬ列車運転を続けてきた。しかし、牽引する客車が老朽化してきたので、専用の35系客車を新造した。

車体は、旧型客車のイメージを残しつつ、最新技術導入を図り、現在の車両整備基準に適合する新製車とした。鋼製車体であるが、窓、屋根等には旧型車の外観を残し、塗装も旧型車に準じたブドウ色となる。

走行機能面での新技術導入が目立つ。軽量ボルスタレス（揺れ枕省略型）台車、ブレーキ装置も機関車の自動ブレーキの読み替え装置付きの電気指令式と近代化されている。

車内は、５両編成中、前後の先頭車は展望室付き客車（普通車とグリーン車）である。新山口寄りの客車は旧１等展望車を模して、２＋１列の回転リクライニング席とソファー付き展望席がある。中間３両は大型テーブル付きのボックス席で、売店のほか投炭ゲームコーナー、運転体験コーナー、展示スペース等が観光客向けに併設されている。津和野寄り先頭車は昔の木造車（３等車）を連想させる二段屋根、狭い窓、ボックスシートの客室で、車端部が展望デッキとなる。もちろん多目的室、車いす対応の設備も完備している。しかし、往年の客車を見た目からすると復元車のイメージよりも「新観光客車」の印象が強く感じられる。昔のイメージを追いつつ現在の設計基準に適合させるため、各所に苦心の跡がみられるからだ。「ＳＬ列車運行を永続させるために一つの方向性を示した開発コンセプト」を評価したことが受賞理由となった。

2018（平成30）年
東武鉄道
“500系”電車（リバティ）

LAUREL PRIZE ローレル賞 鉄道友の会

贈呈式：2018（平成30）年９月30日（日）

贈呈式は東武浅草駅３・４番線ホームで開催されたことから、同駅に程近い「浅草郵便局」で記念押印を行った。押印用の台切手には、雷門をデザインした「東京都ふるさと切手（浅草寺山門と仲見世）」（1996年８月発行）と「グリーティング・ハッピイグリーティング（シール式）」の62円切手（2018年４月発行）を使用した。風景印の絵柄は、浅草雷門の提灯の中に雷門と浅草寺で毎年７月に開催される「ほおずき市」に因む「ほおずき」および隅田川周辺の新しいランドマークの「東京スカイツリー」を描いたもの。

東武鉄道は、浅草、池袋から関東東北部に幅広い路線網を展開、その営業キロは460kmに及ぶ。伊勢崎線（浅草～伊勢崎間）、日光線（東武動物公園～東武日光間）、東上線（池袋～寄居間）を基幹路線とし、亀戸、大師、野田線等９線の支線を持つ大手民鉄である。戦後間もない1948（昭和23）年から浅草～日光間の定員制有料特急の運行を始め、有料特急は70年の歴史を持つ。500系はその新型特急車両としては26年振りの登場となった。

様々な路線に運用可能な汎用車両で、設計コンセプトは速達性と快適性の追求であった。愛称名「リバティ」も、このことを示している。

車体は、沿線のスカイツリー等が代表する先進性と豊かな自然・文化のイメージを織り上げた外装を持つ。貫通型先頭車も傾斜と曲面を配した独特の形状となり、基調色のベージュの帯を貫通面まで立ち上げているのが特色である。軽量、ダブルスキン構造（**注15**）とするほかホーム高さとの較差を縮めるため床面高さを1,125mmとし、既存車に比べ60mm下げた。主電動機は永久磁石同期電動機（**注22**）、制御方式はVVVF（**注11**）等最新技術を応用した機器を搭載した。

車内は、沿線と江戸文化の趣を感じるデザインを目指したとのことで、通勤、観光いずれの特急車にもふさわしいゆとりある空間となった。

座席も快適性向上のため新しい傾斜、回転機構の偏心回転フリーストップのリクライニングシートを導入した。

このように従来の特急車を汎用化しつつグレードアップを目指したのが500系の特色といえよう。

既存特急車と「一線を画し東武特急の歴史に新たな風」を吹き込んだことが受賞理由となった。

2018（平成30）年
鹿児島市交通局
“7500形”電車（ユートラム）

7500形電車 2018年ローレル賞授賞記念　　平成30（2018）年10月20日（土）

The Commemoration of type 7500 tram awarded with 2018 Laurel Prize

鹿児島市交通局 7500形電車　　カバー企画：関　崇博

贈呈式：2018（平成30）年10月20日（土）

贈呈式は鹿児島市電の神田電停に程近い交通局車庫に隣接する「上荒田の杜公園」内の“2018市電・市バスゆーゆーフェスタ”の会場で開催されたため、同公園から程近い「鹿児島中央郵便局」で記念押印を行った。押印用の台切手には、開催地の鹿児島に因み「鹿児島県ふるさと切手（桜島）」（1990年7月発行）と「グリーティング・ハッピイグリーティング（シール式）」の62円切手（2018年4月発行）を使用した。

〔風景印の絵柄は、2005年800系Ｌ賞に同じ〕

鹿児島市電は、鹿児島駅前～鹿児島中央駅前間の第１・２期線を中心に谷山線（武之橋～谷山間）、唐湊《とそ》線（鹿児島中央駅前～郡元《こおりもと》間）、計13kmの路線を持つ。谷山線の一部を除き、路面電車である。

同市電は2002年から計画的に超低床車両を導入しており、第１期の1000形から数えて３回目の投入で、合わせて15両（編成）となった。愛称は「ユートラム」である。

車体は、超低床２車体連接型である。車体間は上下にある連接装置で支持される。外観は直線基調でまとめられ、塗装はイエローとグリーンの２色を塗り分けて、前者は南国の太陽を、後者は同市が路上軌道面に導入した騒音防止の芝生の緑を象徴するものという。

車内は、黒基調の一段窓で、LED照明の行先表示を際立たせている。車輪は車軸支持方式だが、直径を小さくしたため床面の傾斜が小さくなり、連接車としては珍しくオールロングシートとすることが可能となった。

LED照明、車内案内装置は液晶ディスプレイ方式で４カ国語表示のものが運転台背面に取り付けられている。車いすスペースも設けられた。車内の釣り手は車内移動に支障しないよう跳ね上げ式だ。床面高さは乗降口350mm、連接部390mm、台車上部465mm、この高さの違いは緩やかなスロープで緩和されている。なお、VVVFインバータ補助電源装置、空気圧縮機はいずれも屋根上にまとめられているのも珍しい。

7500形が、路面電車の「新しい構想を超低床車方式によって実現し今後の路面電車の方向性を示唆」したことが受賞理由となった。

2019（令和元）年
小田急電鉄
“70000形”電車(GSE)

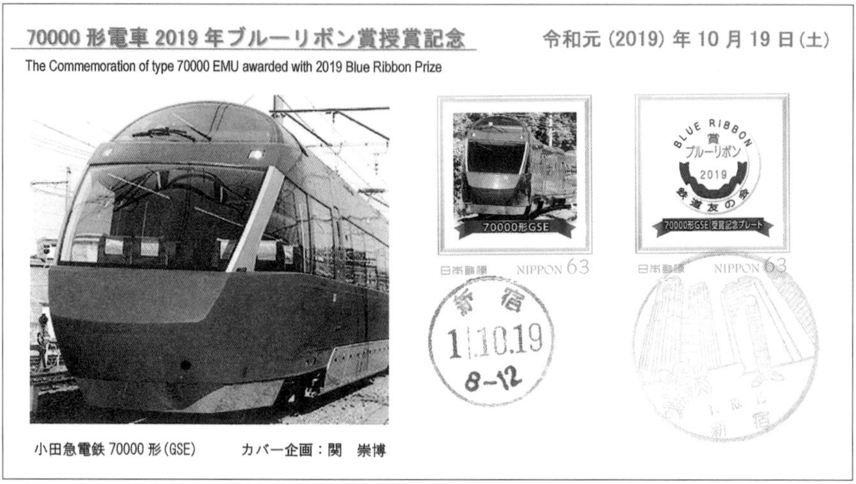

贈呈式：2019（令和元）年10月19日（土）

小田急電鉄の贈呈式では恒例の新宿駅１番線ホーム終端側での式典開催のため、記念カバーの押印も恒例の「新宿郵便局」で行った。押印用の台切手には、このたびの70000形のＢ賞受賞を記念して、贈呈式直前の10月15日に発売された「70000形GSEブルーリボン賞受賞記念」のフレーム切手から、「70000形車両」と「2019年Ｂ賞プレート」をデザインしたものを使用した。今回の贈呈式記念カバーの事例では、台切手に当該受賞をテーマとして発行された切手を用いて作成することができ、贈呈式テーマの記念カバーの最適な構成内容の事例となった。

〔風景印の絵柄は、2006年50000形Ｂ賞に同じ〕

小田急電鉄は、戦後間もない1948（昭和23）年から新宿～小田原間（その後、箱根湯本まで箱根登山線に乗り入れ直通運行）の座席定員制有料特急の運行を開始、民鉄では東武・近鉄と並んで早くから有料特急を目玉商品とした鉄道である。

車体は、青と黄に塗り分けた専用車両が順次開発され、転換クロスシート装備もあって「小田急ロマンスカー」（２人が並ぶ）のブランドネームが定着、小田急の代名詞となるなどの存在感を示した。いわゆるＳＥ車（**注17**）登場後、歴代のロマンスカーはほとんどが鉄道友の会ブルーリボン賞を受賞、今回の70000形が８回目となる。「GSE」とは、Graceful Super Expressからの命名で、「箱根に続く時間を優雅に走る」を意味するという。アルミ合金製で前面に展望席を設けた。外装はオレンジバーミリオンの３色塗装である。

車内は、連続窓の採用で、展望を広げるなど観光列車にふさわしい構造で、外装のバーミリオンの３色塗装とも調和を図っている。また、最近の利用状況から乗客の携帯荷物の収納スペースの確保、車いす使用の身障者への対応のバリアフリーにも万全を期した。

編成は４Ｍ３Ｔ（４両電動車、３両付随車）の７両固定編成で、新宿～箱根湯本間の直通運転を基本とする。なお、本車両によって新宿～小田原間の最速列車が所要１時間の壁を破ることに成功したことも特筆すべき点であろう。

長年の「ロマンスカーの持つ伝統的な特色を維持しつつ、最新技術を各所に取り入れた高性能車両」であることが今回の受賞理由となった。

2019（令和元）年
相模鉄道
“20000系”電車

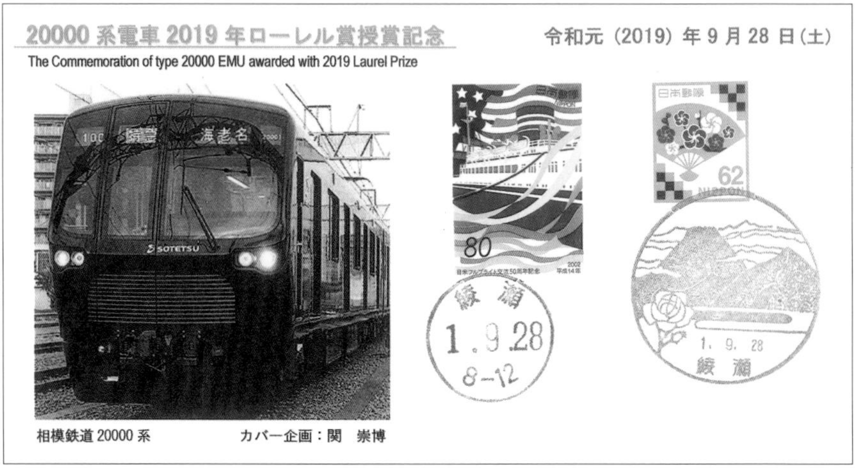

贈呈式：2019（令和元）年９月28日（土）

贈呈式は同社かしわ台駅の脇に設けられた「相模鉄道車両センター」で開催されたため、同センターから程近い「綾瀬郵便局」で記念押印を行った。押印用の台切手には、相模鉄道が横浜地域の鉄道であることに因み、横浜港の客船をデザインした記念切手の「日米フルブライト交流50周年」（2002年５月発行）と慶事用切手62円「扇面と梅文様」を使用した。余談だが、10月１日から消費税が10％に改定されるため、62円を台切手に採用できるのはこれが最後（10月以降は63円切手が必要！）となる。風景印の絵柄は、「朝焼け富士と丹沢連峰を背景にバラ」を描いたもの。

相模鉄道は、本線（横浜～海老名間）24.6kmといずみ野線（二俣川～湘南台間）11.3km（両線は直通運転）から成る大手民鉄である。

同社は、東京都心乗り入れを悲願としていたが、2019（令和元）年11月から本線西谷から新設の相鉄新横浜連絡線を介して羽沢横浜国大駅からＪＲ貨物線、埼京線を経由してＪＲ新宿（一部は川越まで）方面までの直通運転を実現した。なお、この使用車両は12000系であった。今回、受賞の20000系はこの姉妹車両で、他社線乗り入れという同じ基本構想のもとに製作された。（東急線への乗り入れに使用予定）

車体は、珍しい濃紺色（横浜ネイビーブルー）１色となった。なお、自動車をイメージした前面のデザインも珍しい。

制御方式は、VVVF（**注11**）インバータにより補助電源装置も大容量のものを編成中に２台搭載している。

車内もグレーを中心とした地味なデザインでまとめている。座席はバケットタイプ、ガラスの袖仕切り、調光装置付きLED照明と改良されている。車いす利用の身体の不自由な人々への対応も万全だ。

同社は、この車両の製作にあたって明確な「独自のデザインコンセプトをまず徹底」させて設計したうえで、乗り入れに伴う「他社との共通化」にきめ細かく対応させる努力を重ねたという。この点が今回の受賞理由となった。

2019（令和元）年
叡山電鉄
“デオ730形” 732号車（ひえい）

贈呈式：2019（令和元）年10月５日（土）

贈呈式は八瀬比叡山口駅ホームで開催されることになったが、同駅近傍に押印可能な郵便局の開局がないため、やや離れた同一区内の「左京郵便局」で記念押印を行った。押印用の台切手には、比叡山に因んだ「滋賀県ふるさと切手（比叡山の巨木と根本中堂）」（1996年７月発行）と、消費税10％への改定で新たに登場した慶事用切手63円「扇に鶴」を使用した。風景印の絵柄は、「大文字山を背景に平安神宮と銀閣寺」を描いたもの。この記念押印の際、窓口で消印する位置を指定したのだが、出て来たカバーを見ると指定した位置には押印がされてなく、少々不満が残った記念カバーとなった。

《参考文献》

・日本郵便切手商協同組合編：「日本切手カタログ2020」、令和元年７月13日第79版
・武田聡編：「風景印2000」、株式会社鳴美、平成12年（第2版）

叡山電鉄は、京都市の北部（左京区内）を走る14.4kmの路線を持つ都市近郊鉄道である。また、沿線には比叡山をはじめ観光地や有名社寺等が多く、典型的な観光路線でもある。本車両は計画当時、すでに運行中の観光電車「きらら」に次ぐ同社第２作目の観光電車として登場した。

車体について、まず目立つのはその特色ある前面デザインであろう。車体前面に掲げられた大きい黄金色の楕円のシンボルマークが目を引く。

車内は、車内構造そのものからドア窓も車窓もすべて楕円。円に徹底的にこだわったデザインだ。ＬＥＤ照明が淡い光を投げかけ、シートの色と調和して落ち着いた雰囲気を醸し出す。楕円の窓のためか窓外の景色が車内から額縁に入ったように美しく見えるのが不思議である。

楕円は鞍馬山と比叡山から出る「気」の循環を象徴するとのことであったが、京都ならではのデザインといえよう。

この車両は、叡山本線出町柳～八瀬比叡山口間5.6kmを14分で運行するが、日本一短距離、最短運行時間の観光列（電）車ではなかろうか。一般ダイヤに組み込まれ約40分毎に運行、普通乗車券・定期券で予約なしで乗車できるのも珍しい。この車両は、旧デオ300形で、京阪線への乗入れも考えて登場した近代化車両であったが、のちワンマン仕様に改造したデオ732号車となり、これをされに再改造したものである。しかも、改造車を感じさせない斬新なデザインとなった。

「一般車として高頻度の運行」、普通乗車券で誰もが気軽に利用できることから、この１両で路線全体の「新しいイメージづくり」を果たしたことなどが受賞理由となった。

用語解説

（注11）VVVFインバータ制御装置

Variable Voltage Variable Frequencyの略。可変電圧、可変周波数の交流電圧を出力するインバータ制御装置で、これは鉄道車両の動力源として走行速度や供給電力に応じ、直流電力を交流電力に変換して主電動機（交流誘導電動機）を駆動させる装置である。従来の直流電動機を駆動させる抵抗制御等の方式に比べ軽量・小型で、ブレーキ時には発電した電気を再利用させる回生ブレーキの機能がある。

（注12）電力回生ブレーキ

電力回生ブレーキは、走行する電気車両がブレーキ時に発電した電気を架線に返して他の車両で再利用することができる。これはブレーキ時に主電動機を発電機として動作させ、走行している車両の運動エネルギーを電気エネルギーに変換、架線を通して他の車両へ電力を供給することでブレーキ力を得て減速する仕組みであり、省エネにも貢献する。300系新幹線電車が初めて交流回生ブレーキを実現した。

（注13）制御振子装置（台車）

中央西線等では曲線区間における通過速度を向上させるため、曲線で生じる超過遠心力を利用して車体を内側に傾ける自然振子式の381系電車が活躍した。制御振子装置は、車両の走行位置を検知して曲線の位置や形状に沿ってタイムリーに車体を傾斜させることができる。このため車体の振れ遅れや振れ戻しがなく、大幅な乗り心地の改善を図った。

（注14）操舵式台車

車輪の踏面には勾配があるため曲線に沿って走行できるが、高速走行では走行安定性や曲線通過性能を両立することができない。操舵式台車は、曲線通過時に輪軸の車軸中心を曲線半径の中心に向ける機能を有し、曲線区間での通過速度を向上させることができる。機械的な機構による強制操舵と輪軸の自己操舵機能を活かした自己操舵のものがある。

（注15）ダブルスキン構造

ダブルスキン構造は、鉄道車両の構体（箱形の車体）を構成する屋根や外板、床板などの部材に採用されている。その断面形状は段ボールのように２枚の板の間にトラス状の補強部材があり、アルミニウム合金がこの複雑なトラス状の断面をもつ押出成形を可能とした。長尺の大形中空押出形材により700系新幹線電車は製作された。

（注16）**車両制御情報管理装置（TIMS）**

車両に装備されている各種機器の状態などを表示し、監視・制御する鉄道車両モニタ装置が発展したものである。モニタ情報の表示だけでなく、力行やブレーキなどの運転操作も送信する「制御伝送装置」としてその後多くの車両に採用されている。TIMSはTrain-control Information Management System（車両制御情報管理装置）の略称である。

（注17）**SE車**

Super Expressの略で、小田急電鉄が1957（昭和32）年投入の連接式特急専用電車に命名した名称である。小田急は、その後特急電車にすべてSEの名称を冠してきた。例えば、70000形電車の場合は、Graceful Super Express（GSE）もその例である。民鉄の車両の名称が長期間承継された珍しい例であり、小田急特急が乗客にも広く知られるようになる（小田急特急といえば「SE車」のように）動機ともなった。

（注18）**独立車輪式超低床連接車**

路面電車の場合、道路から直接乗降するため、極力電車の床が低いことが望ましい。何段ものステップを上下することを避けたいからである。しかし、車軸が床下にあることを考えると、一定の高さが床面には必要となる。そこで左右車輪を直結する車軸をやめ、左右車輪がそれぞれ独立して車体に支持され、回転するようにした電車のことをいう。

（注19）**レーザー溶接**

レーザー溶接は、レーザー光を熱源として金属を溶融して複数の金属材片を直接接合する方式である。従来のステンレス車両の構体（箱形の車体）では一般的にスポット溶接が主流であったが、このレーザー溶接に変更することで溶接熱の影響や溶接変形が少なく、作業効率が高く、溶接痕が目立たない綺麗な外板を実現することができた。

（注20）**フルアクティブサスペンション**

鉄道車両のサスペンションは、車両の高速走行時に発生する車体の振動を抑えて乗り心地や走行安定性などを向上させる装置である。現在では、電気信号をはじめ油圧や空気圧のエネルギーを物理的な運動に変換することにより、能動的に振動を抑制する制御方式であるフルアクティブサスペンションが採用されている。

用語解説

(注21) **油圧キャリパー式ディスクブレーキ**

鉄道車両には運転時に電気ブレーキが失効した場合や自然災害などの緊急時に備え、安全に停止させる基礎ブレーキ装置が必要であり、踏面ブレーキとディスクブレーキの２方式がある。車輪の両側にあるブレーキディスクに油圧の力でブレーキパッドを押し付けて制動力を発生させる装置が油圧キャリパーディスクブレーキである。

(注22) **永久磁石同期電動機**
(PMSM：Permanent Magnet Synchronous Motor)

鉄道車両の駆動用主電動機に使用されてきた誘導電動機よりも高いエネルギー変換効率を有するものとして永久磁石同期電動機が開発された。回転子に永久磁石を配置することでトルクを発生させ、回転子の発熱がなく消費電力の大幅な削減を実現した。分解清掃が不要な構造や低騒音化を図るなど、シンプルで小型・軽量構造である。

(注23) **トンネル微気圧波**

トンネルに車両が高速で進入する際、トンネル内の空気が急に圧縮され、それがトンネルの反対出口から圧縮波となって急激に放出されることである。この圧力が高い新幹線の場合等で、出口から微気圧波振動という、緩い独特の空気振動が周辺に広がる現象をいう。

(注24) **SIV装置**

Static Inverterの略で、静止型インバータと呼ばれる。これは電気車両の補助電源装置として使用するもので、架線から供給される高圧電源を低圧電源に変換できる。従来の回転形の電動発電機（MG）に対して、機器の軽量化、省メンテナンス、騒音低減などの観点から、電力用半導体素子を用いたインバータによって静止機器化したものである。

(注25) **デジタルサイネージ**

屋外や店頭、公共空間や交通機関などにおいて、ディスプレイなどの電子的な表示機器を用いて情報を発信するメディアのことをデジタルサイネージと称する。

【参考文献】

・鉄道技術用語辞典
・一般社団法人デジタルサイネージコンソーシアム　ＨＰ

3

切手にみる
世界の高速鉄道

世界の鉄道切手は約１万種を超えると言われている。本書ではこれらの切手を通して世界の高速鉄道の変遷を辿ってみたいと思う。「高速鉄道」とは営業速度200km/h以上で運行する鉄道を意味している。世界初の高速鉄道と言えば、東海道本線の輸送力増強を目的に建設され、東京オリンピックの開催に間に合わせるよう1964年10月１日に開業した日本の東海道新幹線である。

鉄道切手の収集に勤しみ60年を超えられた元日本鉄道建設公団理事、元名工建設株式会社代表取締役会長の藤井浩氏からお借りした貴重な「鉄道切手コレクション」の中から高速鉄道に関係する世界各国の切手等を選定してみた。

氏が最初に収集された鉄道切手は、日本国有鉄道入社後の1958年に購入したハンガリー鉄道開設百年記念切手（1946年発行）とのこと。開業当時からの蒸気機関車や電気機関車、新式のディーゼル動車の４種セットで、車種の違いのほか、高い額面金額は第二次世界大戦後の物価上昇を反映したものとのことであった。

その後、収集が進むにつれて全世界の

【ハンガリー鉄道開設百年記念の切手（HUNGARY 1946.July.15）】

蒸気機関車ヘベス

424形蒸気機関車

アルバッド形ディーゼル動車

V44形電気機関車

切手が収録された「スコット」と呼ばれる切手カタログ、鉄道切手を専門とする収集家の存在を知ることになったそうである。そして、1983年に『切手に見る鉄道技術の歴史』を土木工学社より刊行されるなど、現在もご活躍されている。

この「鉄道切手コレクション」に整理されている切手は、テーマに沿って分類され、世界各国の鉄道の歴史が分かる。そこには鉄道技術の進化が明らかに存在し、鉄道の黎明期から現在に至るまでの歴史を辿る醍醐味があると思う。

鉄道切手の題材として蒸気機関車や電車などの鉄道車両が多く、1860年の旧イギリス領ニューブラウンズウィック（英領カナダ）発行の１CENT切手が最初のものである。図案には19世紀のアメリカ形蒸気機関車の特色である先頭部のカウキャッチャーや漏斗形の煙突などが描かれていた。

【世界初の鉄道切手 NEW BRUNSWICK 1860】

1CENT切手 蒸気機関車

鉄道技術は、イギリスの産業革命の源となるジェームス・ワットによる蒸気機関の発明からリチャード・トレビシックの蒸気機関車、そしてジョージ・スチーブンソンが実用的な基本設計により蒸気機関車を製作したことに始まる。世界初の公共鉄道として1825年にイギリスのストックトン～ダーリントン間にロコモーション号が運行された。しかし、残念なことに鉄道発祥の地であるイギリスでは鉄道開設百年を記念する切手は発行されていない。

日本の鉄道は、1872年に新橋（旧汐留）～横浜（現桜木町）間の官設鉄道による運行に始まる。小さな蒸気機関車を使用した運行から、車両の大型化、動力の近代化や無煙化に伴って電化やディーゼル化されていった。現在では自動車や航空機などの各種輸送機関との共存・共栄を図る中で、主力の座を電車に委ねてきた。

殊に、日本の東海道新幹線やフランスのTGVは斜陽化しかけた鉄道に「高速鉄道」の存在意義を実証してきた。

東海道新幹線は高速鉄道としての高い安全性と正確かつ安定した輸送を実現することで、鉄道の大量高速輸送機関としての特性を東京～新大阪間にて発揮してきた。そして、鉄道に対するこれまでの国内外の評価を覆し、日本の経済・文化の発展にも寄与することで私たちの生活スタイルまでも変えてきた。その後、日本全国に新幹線鉄道網が拡充されていった。

一方、TGVは1981年９月に当時の世界最高速度となる260km/hにてフランスのパリ～リヨン間で開業した。その後、欧州の高速鉄道網の拡大において、TGVの基本仕様が各国の高速鉄道用車両のベースとなっているものもある。

本書では、世界の高速鉄道に関わる鉄道切手等の題材となった鉄道車両の誕生等の経緯や特長などを年代順に解説することで、鉄道技術の進化を明示したいと思う。

高速鉄道が誕生する前の営業速度200km/h未満の高速列車の時代から、東海道新幹線の開業、そして、その後に躍進を遂げてきた世界の高速鉄道の３つに区分して、鉄道切手等のモデルとなった車両を紹介する。

具体的には、まず高速鉄道が誕生するまでの高速列車を対象として国内外のものを紹介する。高速化を目指して運行した鉄道車両の車体形状には流線形が存在することや車種の違いが一目で分かる。また、東海道新幹線が誕生するまでに活躍していた日本の在来線鉄道車両の存在も分かる。

次に、当時「夢の超特急」と言われた東海道新幹線の開業などに関わるものを紹介する。東海道新幹線は在来線の信頼できる既存の技術を活用した上で新幹線モデル線（綾瀬～小田原間37km）で各種の実証試験を繰り返した。新幹線用試作旅客電車の存在や、当時の電車方式による世界最高速度256km/hを記録したことなどが分かる。

最後は、東海道新幹線の開業を契機に世界の鉄道が目覚ましい躍進を遂げたことを紹介する。

世界の高速鉄道には動力方式や電源方式の違いをはじめ、国際列車としての運用を考慮した仕様の統一やそのための技術提携など、国境を越えた技術協力などが存在していることが分かる。そして、現在の高速鉄道には営業最高速度が320km/hとなっているものもあり、更なる高速化の時代となったことが明らかに分かる。

鉄道切手は、趣味の範囲を超えて題材となった鉄道車両を観ることで、鉄道技術の進化を知り得る糸口になると言える。種々の切手を比較すること、そこに違いを見いだすこと、調べてみること、想いを馳せることに意味があると思う。そして、自ら鉄道の将来を俯瞰しながら、更なる高速化に向けた技術を創造してみることができると思う。

また、国内外の博物館等に現存している鉄道車両を改めて見聞しながら温故知新を実践してみることも有意義な時間の過ごし方であると確信している。

（天野満宏）

東海道新幹線が誕生するまでの高速列車

(1) 電気式ディーゼル動車（ドイツ）

GERMANY 2006,Oct.5 VT877

1933年５月15日からドイツ国鉄の高速列車としてベルリン～ハンブルグ間をフリーゲンダー・ハンブルガーと称したVT877電気式ディーゼル動車が最高速度160km/hで運転した。２両連接、空気抵抗を減らす流線形車体で軽量化され、２色塗り分けなど現在の高速列車のパイオニアであった。

(2) 蒸気機関車（ドイツ）

GERMANY 2006,Oct.5 61 001

1935年、ドイツ国鉄はベルリン～ドレスデン間にヘンシェル社製の流線形タンク機関車の61形 001号機にて最高速度160km/hで流線形の客車をけん引した。４両編成の客車は車体両端を円い形状としたほか、車体間の隙間を全周ホロで覆い走行時の空気抵抗を機関車と同様に低減させていた。

(3) 蒸気機関車（イギリス）

GREAT BRITAIN 1985,Jan.22 A4

1935年から数年間にドンカスター工場で製作したLNER（ロンドン・アンド・ノース・イースター鉄道）Ａ４形蒸気機関車、1948年以降は1862年よりロンドン～エディンバラ間で運行された急行列車名称の「FLYING　SCOTSMAN」が付された。最高速度140km/hで当時流行の流線形の車体形状や３シリンダーが特徴である。

(4) ディーゼル機関車（アメリカ）

UNITED STATES 1999,Aug.26 Super Chief E1

1937年からアッチソン・トピカ・アンド･サンタフェ鉄道はシカゴ～ロサンゼルス間で大陸横断鉄道として最新かつ最高級の流線形のＥ１型ディーゼル機関車のスーパー・チーフ号を運行した。この機関車は赤色ボンネットに黄色のストライプが特徴で、豪華なステンレス車両のプルマン寝台車のみをけん引した。

(5) 直流形電気機関車（日本）

JAPAN 1990,May.23 EF55形

1936年に鉄道省は東海道本線の特急用のけん引機関車として製作した。世界的に流行していた流線形車体を採用した唯一の電気機関車として特急「燕」「富士」を最高速度95km/hで運行した。ただし、片側のみが流線形の先頭形状となっており、蒸気機関車のように方向転換が必要とのことで３両製作に留まった。

(6) 蒸気機関車（アメリカ）

UNITED STATES 1999,Aug.26 J-3a

1938年からニューヨーク・セントラル鉄道はニューヨーク～シカゴ間の大陸横断鉄道に流線形のＪ３形蒸気機関車けん引による「20世紀特急」を運行した。この列車は1,500kmの長距離区間を高速で運転すること、プルマン寝台車、全個室の寝台車、一等運賃と特別料金など豪華さが特徴であった。

初日カバー　1990,May.23 EF55形式　電気機関車シリーズ第４集

（図案となった機関車のイラストと消印）

(7) 直流形電気機関車 (日本)

JAPAN 1990,Jan. 31 EF58形

1946年から運輸省は旅客用のＥＦ58形式電気機関車を製作、1952年以降は後期形として流線形の車体を採用、後に前期形も同様に改良した。東海道本線の全線電化後は最高速度100km/hで特急「つばめ」「はと」をけん引、その後はブルートレインや荷物列車等で活躍した。

(8) 蒸気機関車 (日本)

JAPAN 1972,Oct.14 鉄道100年記念

1948年１月から翌年まで、運輸省は日本で最大・最速の旅客用のＣ62形式蒸気機関車を製作、輸送需要が高く平坦な東海道・山陽本線を中心に特急「つばめ」等として最高速度95km/hで運行した。1956年の東京～神戸間の全線電化に伴い他の線区で活躍し、函館本線を最後に引退した。

初日カバー　JAPAN 1956,Nov.19 EF58形式　東海道電化完成記念

1956年11月19日に東海道本線の電化完成を記念して発行された切手を使用し、実際の速達郵便として使用されたもの、当日の消印と風景印（名古屋の２種類）がある。

（「つばめ」のヘッドマークを付けたＥＦ58形式電気機関車の４号機である。電化完成を前に行われた、車体塗色を決定するための比較試験用の車両デザインである。）

(9) ディーゼル機関車（スペイン）

SPAIN 1995,Mar.17 TALGO Ⅱ

1950年７月14日、スペイン国鉄はマドリード～アンダイエ間でTALGO Ⅱの定期運行（週４回）を開始した。この専用機関車は16両の客車をけん引し、当時スペインで最も速い列車として最高速度120km/hで運行した。目新しい空調設備やリクライニングシート、ビュフェが完備されていた。

(10) 特急旅客用気動車（西ドイツ）

GERMANY 2006,Oct.5 VT11.5

1957年６月２日、西ドイツ国鉄は国際ビジネス特急として欧州大都市間を最高速度140km/hで運行した。VT11.5形は７両編成のディーゼル動車で、１等座席、空調完備、供食のほか、TEE色と言われたクリームと赤の２色塗り分けやボンネット姿に特徴があった。

TEE：Trans-Europ-Express

(11) 特急形直流電車（日本）

JAPAN 2013,Oct.11 151系

1958年11月１日、日本国有鉄道（国鉄）は東海道本線の輸送力を増強するため東京～大阪・神戸間に動力分散方式（電車列車）の151系電車の特急「こだま」を最高速度110km/hで運行した。日帰り運転が可能となり、その利便性と快適性から好評を博し「ビジネス特急」と称された。

(12) 特急形ディーゼル動車（日本）

JAPAN 1962,June.10 北陸トンネル開通記念

1961年10月１日、国鉄は全国の非電化幹線に特急列車の運転網を拡充するため、最高速度100km/hの高い信頼性と優れた居住性を備えたキハ82系液体式２等ディーゼル動車を製作した。正面貫通式の先頭部や曲面ガラス付高運転台のデザインはキハ181系に引き継がれた。

東海道新幹線の開業など

(1) 新幹線用試作旅客電車（日本）

JAPAN PR絵はがき

国鉄が1962年５月に完成した1000形新幹線用試作旅客電車のイメージ図（1961年７月時点）を題材に絵はがきを作成、開通前にＰＲ用として一般向けに配布した。

(2) 1000形新幹線用試作旅客電車（日本）

1963年３月30日、綾瀬～小田原間の新幹線モデル線37km区間にて1000形新幹線用試作旅客電車（Ｂ編成）により営業速度200km/h超の高速運転に余裕を持たせるための速度向上試験を繰り返し、当時の動力分散方式（電車列車）による世界最高速度の256km/hを記録した。

JAPAN 2005,Mar.23 新幹線
（科学技術とアニメ・ヒーロー・ヒロインシリーズ第7集）
（B編成 1006号車）

(3) 新幹線電車 (東海道) (日本)

1964年10月1日、国鉄は東京～新大阪間の東海道新幹線の開業に伴い動力分散方式（電車列車）による12両編成の0系新幹線電車により世界初となる最高速度200km/hの超特急「ひかり」と特急「こだま」を1時間に各1本運行した。

路盤が安定化した翌年11月1日からは最高速度210km/h、ダイヤは1時間に各2本となり、所要時間を3時間10分とした。

JAPAN 1964,Oct.1
東海道新幹線開通記念

初日カバー
JAPAN 1964,Oct.1 東海道新幹線開通記念

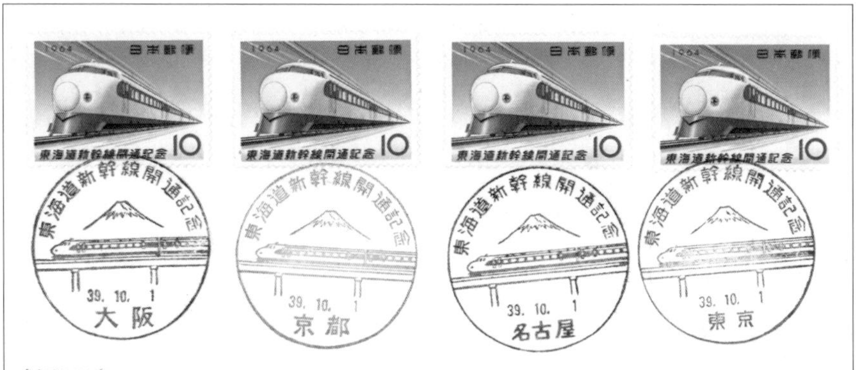

JAPAN 1996,Aug.27
高度経済成長
（新幹線・高速道路）

JAPAN 2000,July.21
20世紀デザイン切手第12集
（東海道新幹線開通）

JAPAN 2013,Oct.11
鉄道シリーズ第1集
（日本国有鉄道0系）

東海道新幹線開業以降の高速鉄道

(1) 旅客用交流電気機関車（西ドイツ）

GERMANY 1975,Apr.15 103形

1965年６月、西ドイツ国鉄はミュンヘン～アウクスブルグ間で当時開催された交通博覧会に合わせ、特急用103形機関車で最高速度200km/hの営業運転を期間限定で実施した。この機関車は高速性のある流線形の車体が特徴で、1968年からTEEやＩＣのけん引機として活躍した。

(2) 新幹線電車（東海道）（日本）

JAPAN 1972,Mar.15
鉄道100年記念
山陽新幹線

1972年３月15日、国鉄は新大阪～岡山間の山陽新幹線の開業に伴い、16両編成の０系新幹線電車で最高速度210km/hで運行した。東京～岡山間を直通する「ひかり」を中心としたダイヤには停車パターンの違う３種類の「ひかり」があり、最速の所要時間を４時間10分とした。

絵はがき GERMANY 1977,Oct.16　HANNOVER1

(3) TGV (Train Grande Vitesse) (フランス)

FRANCE 1974,Mar.18 TGV-001

1972年にフランス国鉄は高速鉄道計画に伴い5両編成の電気式ガスタービン動力車を製作、50万kmに及ぶ試験走行を実施した。その後、動力集中方式（機関車列車）のTGV-PSEには軽量車体や高出力の動力を搭載させ、1981年9月27日のパリ～リヨン間にて最高速度260km/hの運行を実現した。

TGV マキシマムカード
FRANCE 1974,Aug.31 37-TOURS

(4) 新幹線電車 (東北) (日本)

JAPAN 1982,June.23 東北新幹線開通記念

1982年6月23日、国鉄は大宮～盛岡間の東北新幹線の開業に伴い、12両編成の200系新幹線電車で最高速度210km/h、「やまびこ」「あおば」を運行し、所要時間は最速3時間17分とした。上野から大宮発着の新幹線を利用しやすいよう在来線「新幹線リレー号」が運転された。

(5) 新幹線電車 (上越) (日本)

JAPAN 1982,Nov.15 上越新幹線開通記念

1982年11月15日、国鉄は大宮～新潟間の上越新幹線の開業に伴い、12両編成の200系新幹線電車で最高速度210km/h、「あさひ」「とき」を運行した。「あさひ」は速達性と途中駅の乗車チャンスを考慮して3種類の停車パターンを設け、最速の所要時間は1時間45分とした。

(6) TGV郵便車 (フランス)

FRANCE 1984,Sept.8 TGV郵便車

1984年10月1日、フランス国鉄は郵便車編成としてTGV La posteを10両編成で最高速度270km/hで運行した。フランス郵政公社の郵便物・小包輸送列車として車体は黄色に塗色され、郵便の高速輸送を目指していた(2015年6月27日で廃止された)。

(7) ETR (Electrico Treno Rapido) (イタリア)

ITALY 1988,May.2 ETR-450

1988年5月、イタリア国鉄はローマ~ミラノ間に在来線の高速化のためにETR-450形「ペンドリーノ」を導入して最高速度250km/hで運行した。この電車は動力分散方式(電車列車)の9両及び11両の編成で、振子式の車体傾斜装置により8度傾斜することができた。

(8) TGV-A (Atlantique) (フランス)

FRANCE 1989,Sept.23 TGV-Atlantique

1989年9月24日、フランス国鉄は大西洋線でパリからル・マン、ボルドー、トゥール間を高速のTGV-Aにより世界初の最高速度300km/hで運行した。大西洋線の最急勾配が緩和されたことから中間客車を増やして12両編成とし、インバーター制御による交流同期電動機を採用した。

(9) ICE1 (Inter City-Express) (ドイツ)

GERMANY 1991,May.2 401

1991年6月2日、ドイツ鉄道はハンブルグ~ミュンヘン間をICE1(401形)にて1日12往復、最高速度250km/hで運行した。14両編成で動力集中方式(機関車列車)を採用、中間車は座席間隔が広く居住性が高く、オーディオ設備や食堂車も備えられていた。その後、最高速度はトンネル内を除き280km/hとなった。

(10) TGV-R (Reseau) (フランス)

FRANCE 1993,May.29 TGV-R

1993年５月、フランス国鉄はパリとベルギーのブリュッセルを結ぶ高速新線の開業に合わせ、フランス国鉄全線での運行と南東線の輸送力増強のためTGV Atlantique編成を基にReseau編成を開発、最高速度320km/hで運行した。動力集中方式（機関車列車）の10両編成、複電源方式とした。

(11) ユーロスター (Eurostar) (仏、英、ベルギー)

FRANCE 2001,July.6 Eurostar

1994年11月14日、高速の国際列車としてTGVをベースに開発されたユーロスター（373形）は、英仏海峡トンネルを通ってイギリスとフランス、ベルギーの３ヶ国を最高速度300km/hで運行した。20両編成で動力集中方式（機関車列車）を採用し、複電源方式である。

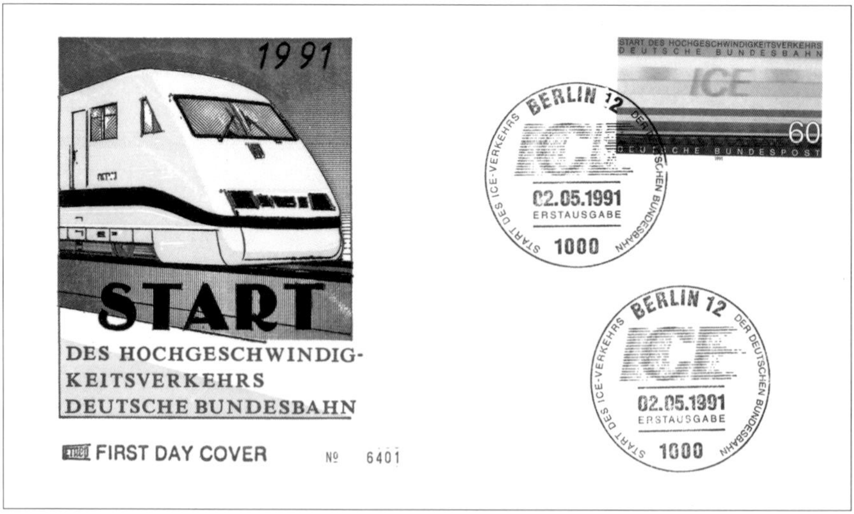

初日カバー　GERMANY 1991,May.2 ICE1運行開始
（ベルリン局の消印日付はICE開業日の1991.6.2とは異なる）

(12) タリス (Thalys) (ベルギー)

BELGIUM 1998,Jan.19 Thalys-PBA

1996年1月、フランス、ベルギー、オランダとドイツを結ぶ高速の国際列車としてTGVをベースに開発されたタリスPBA型で最高速度300km/hで運行する。10両編成で動力集中方式（機関車列車）を採用し、複電源方式、車体は鮮やかなワインレッドに塗られている。

(13) KTX (Korea Train Express) (韓国)

KOREA 2004,Apr.1 KTX-Ⅰ

2004年4月1日、韓国高速鉄道はソウル～釜山間を100000系電車（KTX-I）により最高速度300km/hで運行した。この電車は、フランスのTGV-Rとユーロスターをベースに開発した20両編成で、動力集中方式（機関車列車）を採用している。

(14) ICE 3 (ドイツ)

GERMANY 2006,Oct.5 403

2000年6月1日、ドイツ鉄道はハノーヴァー万博開催に合わせ、ケルン～フランクフルト間を8両編成の動力分散方式（電車列車）のICE 3（403・406形）により最高速度300km/hで運行した。なお、406形は国際列車としてフランス等へ直行するため最高速度320km/h、複電源方式である。

(15) 台湾新幹線 (台湾)

REPUBLIC OF CHINA 2006,Dec.25 700T

2007年1月5日、台湾高速鉄道（THSR）は台北～高雄間で日本の新幹線システムを導入し、「700T」電車の12両編成により最高速度300km/hで運行した。この電車は日本の新幹線技術が海外に進出した初事例として東海道・山陽新幹線の700系車両をベースに開発された。

(16) TGV-POS（フランス）

FRANCE 2007,June.9 TGV-POS

2007年６月10日、フランス国鉄は高速国際列車としてパリからLGV東ヨーロッパ線、ドイツ鉄道経由でミュンヘン方面の「Alleo」、LGV南東線・ライン－ローヌ線、スイス国鉄経由でチューリッヒ方面の「Lyria」にTGV-POSを運行。最高速度320km/h、10両編成、インバーター制御で三相誘導電動機を採用した。

(17) CRH380A型（中国）

CHINA 2011, June.30 京沪高速鉄路開通記念

2011年６月30日、中華人民共和国は北京～上海間に高速鉄道を開通、最高速度300km/hのCRH380Aで運行した。動力分散方式（電車列車）によるアルミ合金製の８両編成の交流電車で鄭西旅客専用線にて試運転を行った。この和諧号は日本のＥ２系を基とした。

(18) 新幹線電車（日本）

東海道新幹線が開業してから50周年を迎え、開業時の０系新幹線などをはじめ全国で活躍していた動力分散方式（電車列車）の車両が描かれている。

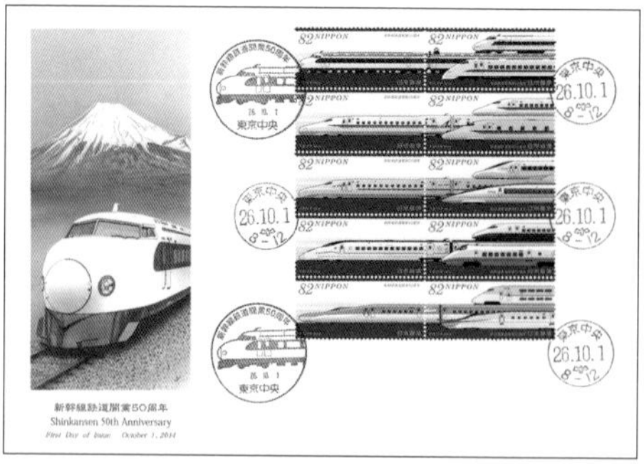

初日カバー　JAPAN 2014,Oct.1 新幹線鉄道開業50周年
（1964年10月1日の東海道新幹線開業から50年、
０系車両から当時運行中の新幹線車両）

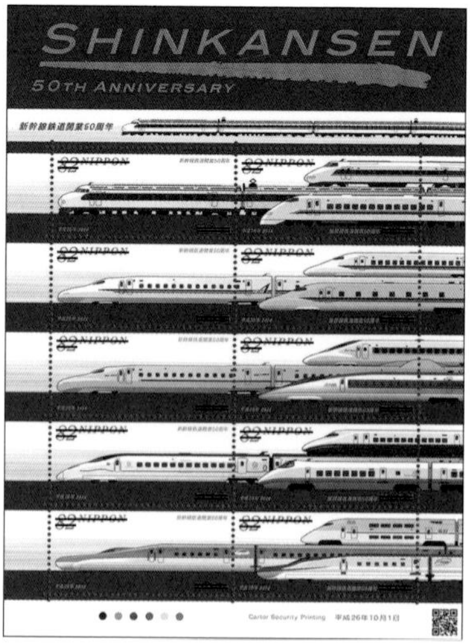

JAPAN 2014, Oct.1 新幹線開業50周年

あとがき

本書は、「まえがき」でも述べたように主に鉄道・郵便両者に造詣の深い関崇博鉄道友の会専務理事、天野満宏リニア・鉄道館館長に執筆をいただきました。また、元日本鉄道建設公団（現、独立行政法人鉄道建設・運輸施設整備支援機構）理事、藤井浩氏が所蔵切手の中から選別されたものを借用することができ、さらに同氏と鉄道友の会鹿山晃事務局長の監修をえて上梓したものであります。異分野にわたる書籍としたため、編集等にもいろいろ困難な点もありましたが、４氏のご協力と交通新聞クリエイトの林房雄顧問のご努力で出版に至りました。

ここに上記各位とともに出版へのご協力、ご支援をいただいた公益財団法人日本郵趣協会、ＪＲ東海、交通新聞社の関係スタッフの皆様方にあらためて感謝申し上げます。

（須田　寛）

製造中のC62形蒸気機関車
（1949年9月発行）

［執筆者プロフィール］

関　崇博

1970年４月建築機械設備工事関連の会社に入社、2006年定年退職。その後、関連の団体に勤務して現在に至る。1966年鉄道友の会入会。2004年同会の専務理事。

鉄道以外では、航空機の撮影、桜の品種調査・撮影、切手収集（主に鉄道や桜をテーマ）等を趣味とする。

技術士（衛生工学部門／総合技術監理部門）、設備一級建築士

天野　満宏

1976年４月日本国有鉄道入社、1987年４月東海旅客鉄道株式会社入社、東海鉄道事業本部車両部管理課係長、神領車両区長、名古屋工場総務科長、総合企画本部企画開発部担当課長（博物館担当）等を経て、2015年７月リニア・鉄道館館長

鹿山　晃

1977年４月機械部品製造会社に入社、主として米国で勤務し、2015年退職。その後、鉄道友の会事務局に勤務して現在に至る。1969年鉄道友の会入会。鉄道友の会理事・事務局長

鉄道以外では、航空機の撮影、帆船模型、星座鑑賞などを趣味とする。

須田　寛

1954年４月日本国有鉄道入社、1987年４月東海旅客鉄道株式会社代表取締役社長、1995年同代表取締役会長、2004年同相談役

（公社）日本観光振興協会全国産業観光推進協議会会長を務めるほか、日本商工会議所などで観光関係の活動に携わる。鉄道友の会会長

［協力］

用語解説：登山昭彦、鹿山　晃、天野満宏
切　　手：関　崇博、藤井　浩
写　　真：大幡哲海、鹿山　晃、沢野慎一、末重健一、登山昭彦、宮田寛之、諸河　久、静岡鉄道、交通新聞社

ＤＪ鉄ぶらブックス 030

鉄道と切手～その歩みとカバーコレクション

2020年５月13日　初版発行

編　著　者：鉄道友の会
（編集責任者　須田　寛・関　崇博）
監　　　修：藤井　浩・鹿山　晃
発　行　人：横山裕司
発　行　所：株式会社交通新聞社
〒101-0062
東京都千代田区神田駿河台2-3-11
NBF 御茶ノ水ビル
☎ 03-6831-6561（編集部）
☎ 03-6831-6622（販売部）

本文ＤＴＰ：戸枝美智代

印刷・製本：大日本印刷株式会社
（定価はカバーに表示してあります）

ISBN978-4-330-04920-5